ちくま新書

人口減少時代の農業と食

窪田新之助
Kubota Shinnosuke
山口亮子
Yamaguchi Ryoko

1729

人口減少時代の農業と食【目次】

はじめに

あなたは今日何を食べただろう。明日も、明後日も、これからもずっと、望めば同じものを食べることができる。そう思っていないだろうか。

人口減少と高齢化が進む日本で、その期待を叶えることは、実は結構難しい。

農業現場の人手不足について耳にしたことのある人は多いはずだ。コロナ禍で外国人が入国できなくなり、外国からの労働力に頼っていた野菜の大産地が人手不足に陥ったことは、記憶に新しい。作業が機械化できていなくて人手に頼ることが多い野菜や果物ほど、生産する農家は減っている。

こうした生産上の課題が騒がれる一方で、むしろ流通、つまり農産物が消費者のもとに届くまでの工程にこそ、危機が迫っている。しかし、農業界においてこのことは見落とされがちだ。

農産物を集荷して選別し、包装して梱包し、消費地に届ける作業は、主にJAが担う。その共同選果場をはじめとする農業関連施設においても、人手不足は深刻になってきた。

さらには、スーパーや飲食店のバックヤードも、労働力を確保しにくくなっている。これまで店内で行っていた小分けや包装、カットや下ごしらえといった作業をアウトソーシングせざるを得なくなっているのだ。

二〇二四年以降は物流危機が深刻化する。同年四月一日に、物流業界の時間外労働時間の上限が年間九六〇時間に規制されるからだ。農産物の輸送に欠かせないトラックドライバーも規制の対象となるため、これまでのような長時間労働は認められなくなる。

農業はドライバーにとって、手作業による荷物の積み下ろしや長時間労働を要求されがちな負担が大きい業種の筆頭格。このままではドライバーから敬遠され、農産物を消費地に届けられない事態も起こりうる。

あなたがこれからも食べ続けたいと望む食事を、農業界と食品業界は、未来においても提供し続けられるのだろうか。

農と食の現場では今後、混乱も生じるだろう。農家が減り、耕作放棄地が増え、集落が消える。遠隔にある産地から消費地にこれまでどおりに農産物を運べなくなる。人口が減る分、国内での消費量が減ってしまう……。こうした対処が難しそうな変化が予想されているからだ。

食料の供給を揺るがしてはいけないと、将来を見越して農産物の供給体制を見直す農家や産地、企業が各地で出てきている。農外からの人材を受け入れ、ロボット化を進め、作業負担が減るように施設を作り替える。こんなふうに知恵を絞って変化に対応する現場を見るたび、その挑戦を心強く感じてきた。

そうではあるが、変化に対応して食の供給体制を柔軟に変えていくという発想は、農業界で広く共有されているとは言いがたい。将来に漠然と不安を覚えつつも、有効な対策を打てないまま、ジリ貧になろうとしている農家や産地は多い。

このままでは、業界が人口減少時代という滑走路に痛みを伴う形でハードランディングしてしまう。農と食の未来と、変化を乗り越えていく方策を示すことで、なんとかソフトランディングすることはできないか。

将来の人口や農家数、農地面積などについては、盛んに推計がなされてきた。これらのデータに加え、先進的な現場の動きを踏まえれば、未来をある程度予測できるかもしれない。農業がどう劇的に変わっていくか、今ある情報を結集して描き出してみよう。これが本書を執筆する原動力になっている。


まず、未来の農業を展望するうえで前提となる人口減少と少子高齢化の現状と将来推計を押さえておきたい。

日本の総人口は、二〇二二年八月一日時点で一億二五〇八万人。六五歳以上の割合である高齢化率は二九・一%で、人口一〇〇万人以上の国と地域のなかでは世界一。高齢者の割合が人口の二一％に達した「超高齢社会」に日本が突入したのは、二〇〇七年のことだ。

このままいけば、将来はどうなるのか。国立社会保障・人口問題研究所が二〇一七年に公表した「日本の将来推計人口」を内閣府の『令和四（二〇二二）年版高齢社会白書』で見てみよう（図表0－1）。それによると、二〇五三年には一億人を割り込んで九九二四万人になり、二〇六五年には八八〇八万人になると推計されている。

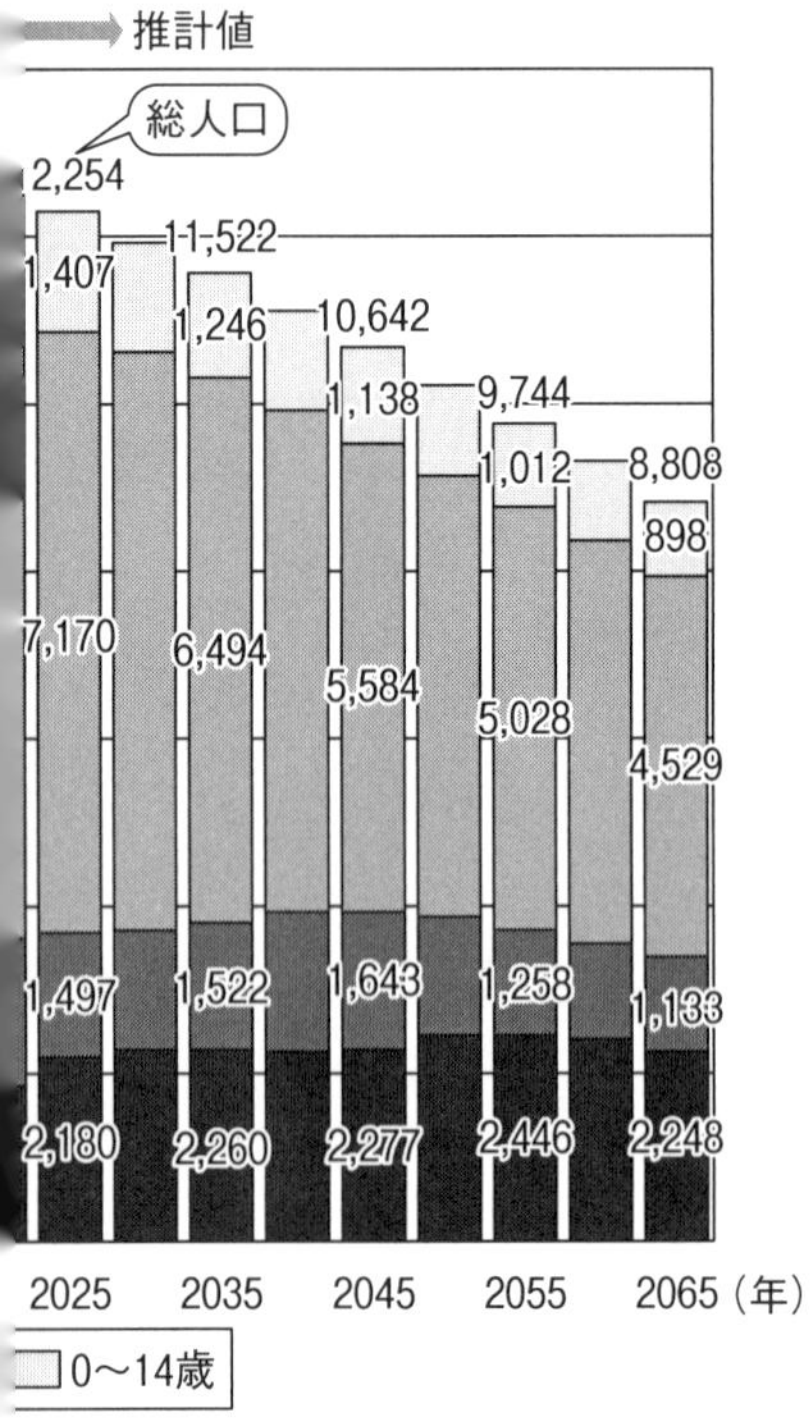

推計値
総人口
2,254
11,522
10,642
9,744
8,808
1,407
1,246
1,138
1,012
898
7,170
6,494
5,584
5,028
4,529
1,497
1,522
1,643
1,258
1,133
2,180
2,260
2,277
2,446
2,248
2025 2035 2045 2055 2065（年）
0～14歳

図表0-1　高齢化の推移と将来推計

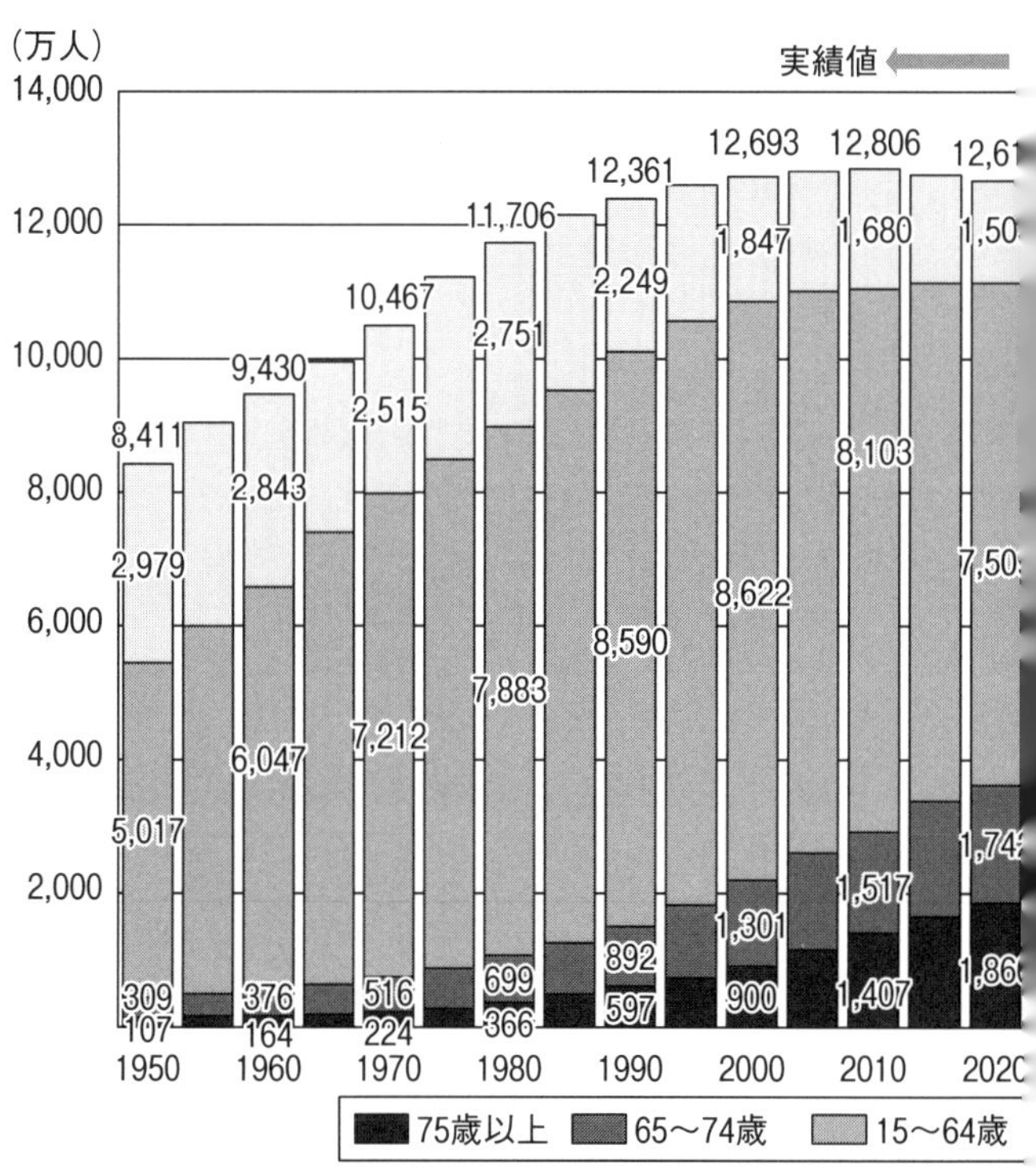

内閣府内閣府「令和4（2022）年版高齢社会白書」
https://www8.cao.go.jp/kourei/whitepaper/w-2022/zenbun/04pdf_index.html

人口の減少と反比例して高齢化率は上昇し、二〇三六年に三三・三%となる。つまり、三人に一人が高齢者になるわけだ。二〇六五年には三八・四%に達し、二・六人に一人が高齢者となる。

人口が減り、高齢化が進む。その当然の帰結として、国内の食料消費総量は減る。

少し古いデータになるけれども、農政に資する調査研究を担う農林水産政策研究所が、二〇一四年に公表している将来推計を農水省の「人口構造の変化等が農業政策に与える影響と課題について」から引用する（図表0-2）。二〇一二年を基準とすると、食料消費総量（総供給熱量）は二〇四〇年に約二〇%減り、二〇五〇年だと約三〇%も減る。

カロリーだけ見ると、国内の食料消費はしぼんでいく。しかし、これを理由に農業が衰退するとみなすのは、拙速に過ぎる。第六章で取り上げるように、人口減少時代だからこそ伸びる食品市場が存在するからだ。

人口減少は諸刃の剣といえる。これまでの生産や流通、消費のあり方を一部で壊してしまう一方で、改革の推進力となる。

とくに農業には、明治時代以来ずっと解決できていない「生産性の向上」という宿題がある。農家が減り、物流業者に長時間労働を要求できなくなり、消費の比重が家庭用から加工・業

図表0-2　国内の食料消費の見通し

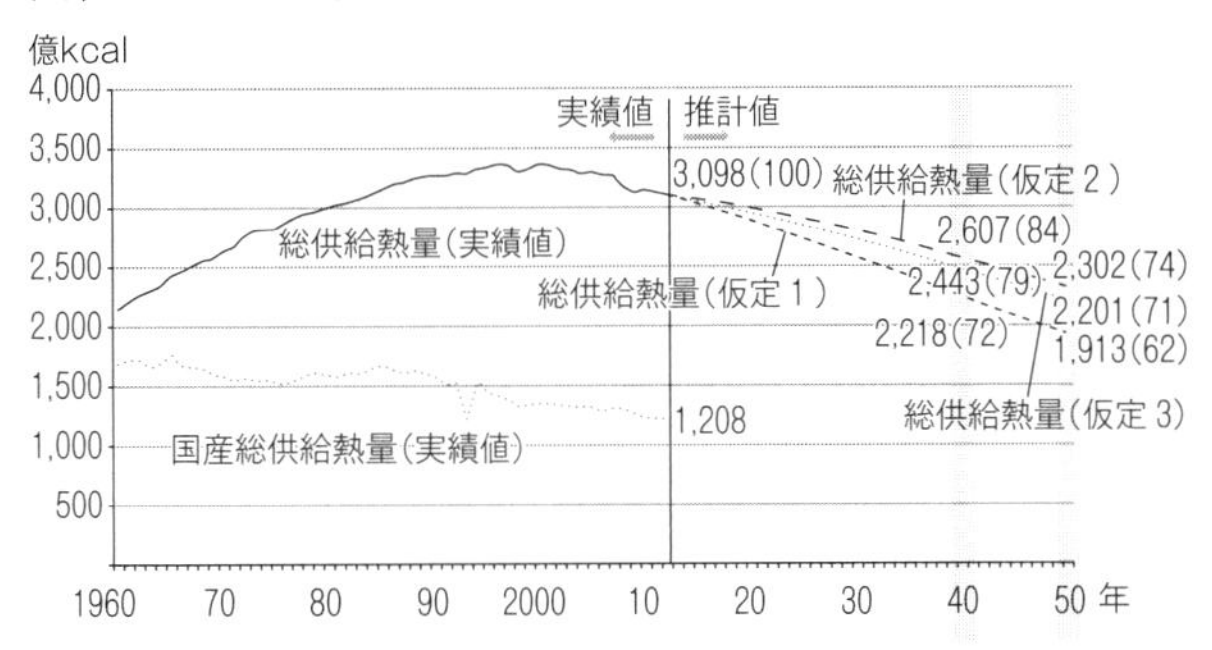

○仮定1：将来の時代効果が、1995年から2012年までの時代効果の平均変化率で延長（ライフスタイルの変化による年々の消費減の傾向が将来も継続）
○仮定2：将来の時代効果に下限を設定（ライフスタイルの変更による年々の消費減の傾向について、身体活動レベルⅠ（生活の大部分が座位で、静的な活動が中心）の100%水準*を下回らないように下限を設定）
（＊：摂取エネルギーでは、男性2,050kcal、女性1,610kcal、供給熱量では、男性2,650kcal、女性2,110kcal）
○仮定3：将来の時代効果に下限を設定（ライフスタイルの変化による年々の消費減の傾向について、身体活動レベルⅠ（生活の大部分が座位で、静的な活動が中心）の約95%水準*を下回らないように下限を設定）
（＊：摂取エネルギーでは、男性1,900kcal、女性1,500kcal、供給熱量では、男性2,500kcal、女性2,000kcal）
農水省「人口構造の変化等が農業政策に与える影響と課題について」平成30（2018）年10月11日
https://www.soumu.go.jp/main_content/000578741.pdf

務用へと移っていく。人口減少がもたらすこれらの変化を、マスコミや農林水産省は、危機として煽りがちだ。出荷の最小単位であるロットが大きくなり、否応なしの効率化を迫る——という利点は無視されてしまう。

日本の農業の未来は、世間一般に思われているほど暗くない。そのことを教えてくれる経営者が、人口減少と高齢化が全国で最も進んでいる秋田県にいる。人手のかかる野菜や花苗などを長年栽培してきた宮川正和さんだ。

　県外の農場も含めて一一〇ヘクタールを生産する大規模経営だけに、労働力の確保が常に課題であり続けている。けれども、宮川さんはいつ会っても飄々としていて、悲痛さはない。

　同県の高齢化率は二〇二一年に三八・一％と、全国平均を九ポイントも上回る。二〇四五年には五〇・一％、つまり二人に一人が高齢者になると推計されている（国立社会保障・人口問題研究所「日本の地域別将来推計人口　二〇一八年推計」）。

　同県はこの推計結果が現実になるのを何とか回避しようと、県外からの移住者呼び込みに躍起になってきた。それに対して宮川さんは、「人口が減るのが大変なんじゃなくて、昔の人口が多かったころにいかに戻すかに一生懸命になるから、大変なんじゃないの」と、坦々としている。

「秋田は人口減少率と高齢化率で日本一で、ある意味、最先端だよね。たまたま世界の最先端になったんだから、現状をもっと価値あるものと捉えて、人口が少ないなりに経営しないといけない。これから皆、ここに向かって進んでくるわけだから」

　減るものは減ると腹をくくって対策を練る。この気構えは、農業界で広く共有されるべきものだ。変化を受け止め着実に対応する必要性は、本書を通じて農業関係者に伝えたいことでもある。

本書は以下のような構成になっている。

まず第一章を「データで見る農と食のいまとこれから」と題した「データ編」にした。外国人労働者、物流、農業集落といったテーマごとに、現状と将来展望を、図表を交えて視覚的にも分かりやすく紹介する。この部分を読めば、農と食の未来の大枠を捉えられるはずだ。

第一章のデータを踏まえたうえで、第二章以降で物流、規模拡大、労働力不足といったテーマごとに、現状と、将来の人口減少を見据えた対策を挙げていく。

農と食をテーマとしつつも、流通に多くの紙幅を割いた。それは、作った農産物を消費者まで届けるという、私たちの生活を陰ながら支える工程こそが、人口減少の影響を大きく受け揺らいでいるからだ。本書が未来の農業を見晴らす一助になることを願ってやまない。

なお、本書で登場する人物の肩書は、基本的に取材当時のままとする。

山口亮子

第一章　データで見る農と食のいまとこれから

人口減少と少子高齢化が日本の農と食のあり方を大きく変えようとしている。農家の減少はもちろん、農作業を担ったり、農産物を消費地に届ける物流に携わったりする人々も、人口減少に先駆ける形で減っている。消費に目を向けても、消費者の減少と食の多様化で、従来とは需要が大きく変わってきた。

本章では、その影響で起きる現象や課題を整理しておきたい。現場の動向を踏まえつつ、統計や推計を盛り込み、現在の傾向と将来予測を視覚的に把握できるようにした。

1　増え続ける外国人労働者と待ち受ける危機

「レタスの生産量は日本一ですが、みなさんの力を借りなければ、農家さんも経営が成り立ちません」

自らのホームページで外国人にこう呼びかけるのは、高原野菜の国内有数の産地である長野県川上村だ。その標高は一〇〇〇メートルを超え、冷涼な気候を生かしてレタスや白菜などが生産されている。

コロナ禍前は、外国人が住民の二割近くを占めていた。二〇二一年末時点では五・七％まで減ったものの、依然として重要な労働力である。

農業現場を支えるのは外国人。川上村に限らず、この言葉が当てはまる産地や農業法人は全国各地にみられる。とくに、野菜や果樹、花卉といった園芸作物で、それが顕著だ。播種や移植から収穫まで機械化されている穀物と違い、人手を要する作業が多い労働集約型の作物だからである。

かつて訪れた苗生産大手の作業場では、ベトナム出身の女性たちが黙々と作業をこなしていた。数百ヘクタールを耕作する農業法人の農舎では、女性たちが東北なまりのきつい中国語で

図表1-1　農業分野の外国人労働者数の推移

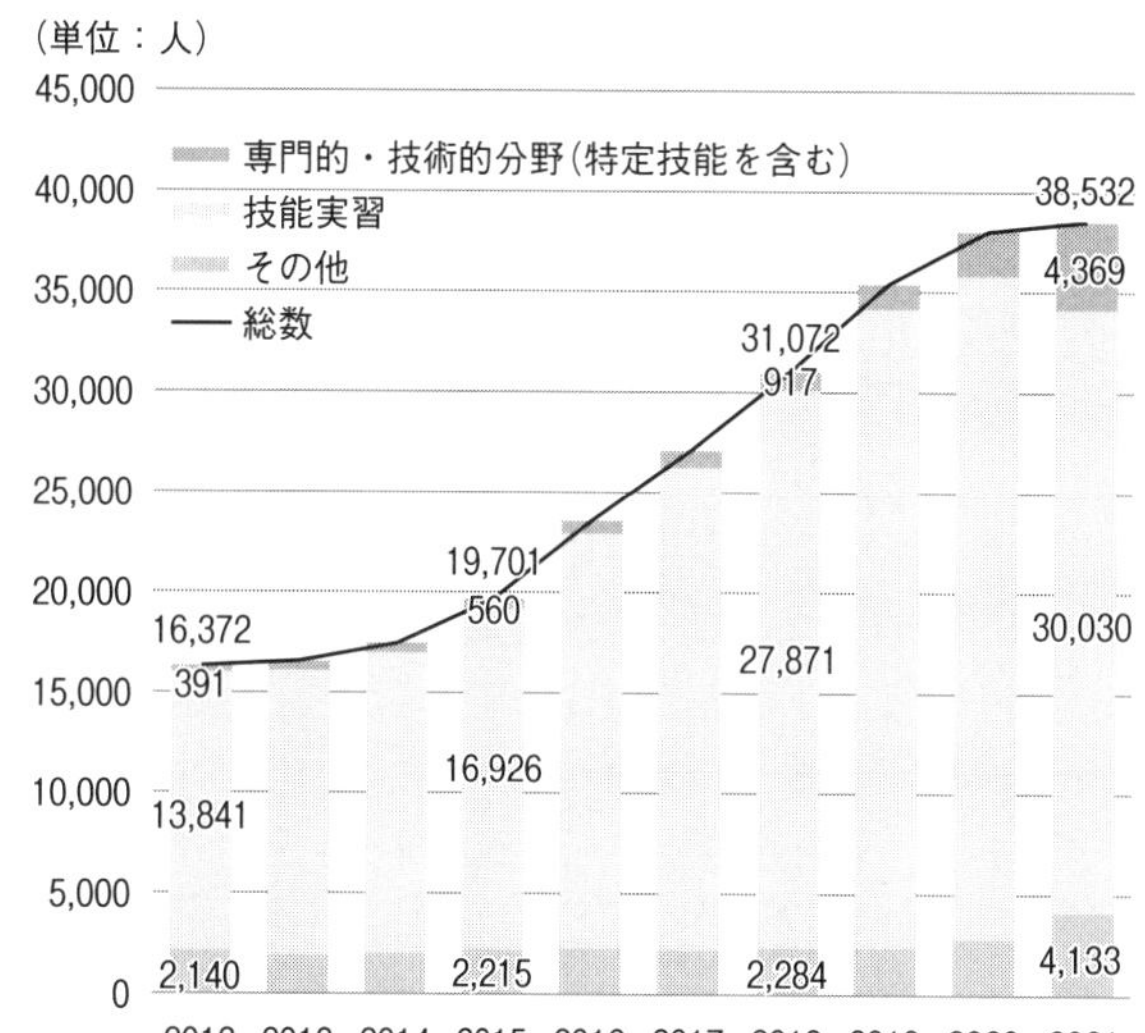

厚生労働省「「外国人雇用状況」の届出状況」から特別集計（各年10月末日現在）。農水省「農業分野における新たな外国人材の受入れについて」2023年1月

よもやま話に花を咲かせながらニンジンを洗っていた。JAの出荷調製施設から終業時間に出てきて自転車で家路につく人々は、ベトナムとカンボジアの出身だった……。

そんなふうに、外国語が飛び交い、一瞬、自分の方が異邦人であるような錯覚に陥る現場をいくつも見てきた。

†八割占める技能実習生が来なくなる？

農業分野の外国人労働者数は二〇二一年に三万八五三二人に達している。これは、二〇一七年の一・六倍だ（図表1-1）。

農業就業人口は一九六〇年を境に右肩下がりを続けてきた。園芸作物や酪農の産地ほど、労働力不足を補う存在として早くから外国人を受け入れてきた。

ただし、新型コロナの水際対策強化により外国人が入国できなくなったことで、外国人労働者数は二〇一九～二一年ではほぼ横ばいで推移した。

その八割近くを占めるのが、外国人技能実習生だ。彼らは発展途上国の出身であり、「技能実習」の在留資格で最長で五年間、技術を学ぶ。

実習を通じた現地への技能移転により国際貢献する名目で、一九九三年に受け入れが始まった。現実には、農業をはじめとする人手不足の業種で、労働力を確保する手段になっている。

こうした目的と実態の乖離は、繰り返し批判されてきた。長時間労働や賃金の未払いなど、一部の受け入れ企業や生産者による法令違反や人権侵害が続いてきた。

原則三年間は職場を変えられないため、労働環境や賃金に不満を持つ実習生が行方をくらます「失踪」が相次いでいる。とくに地方の農業現場は賃金が安く、職場によっては残業が少ないため、稼ぎが悪いと見切りを付けられがちだ。

失踪者は、都市部でより稼ぎのいい仕事に就くこともあれば、行き場をなくして窃盗といった犯罪に手を染めることもある。

外国人技能実習制度への批判が国内外で高まったのを受けて、二〇二二年一二月、制度の存廃や再編を論議すると、政府の有識者会議が決めた。本書を執筆している二〇二三年二月時点では、同制度を廃止し「特定技能制度」に一本化する議論もなされている。

この制度は、農業を含む人手不足の一四分野で、外国人が働ける在留資格「特定技能」を与えるもの。一定の専門性と技能を持つ外国人を即戦力として受け入れる。

職場を変えにくい技能実習生と違い、特定技能外国人は転職が認められている。技能実習を終えた外国人が、特定技能に在留資格を変えることもできる。

こう聞くと、良いことずくめのようだ。しかし、特定技能への一本化は地方の農業現場を危機にさらしかねない。

自由に転職できるようになれば、最低賃金の低い地方の職場に外国人が留まる理由はなくなってしまう。高い賃金を求めて地方から都市部へ労働力が流出する事態が、日本人だけでなく外国人でも起こりうるのだ。

いまの日本はただでさえ不景気と賃金安、円安に苦しんでいる。かつて外国人労働者を惹きつけた賃金の高さという魅力は、年を追うごとに失われてきた。農業の人手不足を外国人で補う——。そんなその場しのぎの対応が、いよいよ限界を迎えつつある。

農業の収益性を高め、生産性を上げることがこれまで以上に欠かせない。

2 二〇二四年問題——関東で「あまおう」が食べられなくなる⁉

われわれ日本人が、四季や土地を問わずに、さまざまな種類の農産物を味わえるのは、物流の発達が大きく寄与している。自分の地域では作っていない、あるいは作れない農産物であっても、物流業者が遠隔地の産地から野菜や果物を安定して届けてくれる。食卓に彩りがもたらされるのは、全国にくまなく物流インフラが整ったおかげであるといえる。

ところが、当たり前と思われてきたこの日常に、いま、陰りがさしている。食卓をおびやかすのは「二〇二四年問題」だ。

労働基準法の改正により、物流業界では二〇二四年四月一日以降、年間の時間外労働時間の上限が九六〇時間に規制される。すなわち、残業時間は月平均して八〇時間が上限となる。これは、もちろんドライバーも対象である。

物流業者は違反すれば、「六カ月以下の懲役」、または「三〇万円以下の罰金」が課せられる。これによって発生する諸々の問題の総称が「二〇二四年問題」なのだ。

もちろん、その影響は農業界にとっても深刻だ。

とくに頭を抱えているのが、北海道や九州、沖縄といった遠隔の産地である。現状の物流体

図表1-2　営業用トラック輸送量の予測値

	2017年度	2020年度	2025年度	2028年度	年平均伸び率（%）		
					17～20	21～25	26～28
総輸送量（百万トン）	4,787.40	4,849.30	4,804,9	4,797.80	0.43	△0.18	△0.05
営業トラ輸送量（百万トン）	3,031.90	3,133.50	3,207.90	3,264.90	1.10	0.47	0.59
営トラ分担率（%）	63.33	64.62	66.76	68.05	—	—	—

公益社団法人鉄道貨物協会本部委員会報告書「モーダルシフトで子供たちに明るい未来を」2019年5月

制では二〇二四年から、質と量の両面で従来のように農畜産物を大消費地に送り届けられなくなるからだ。

たとえば、福岡県にとって戦略的な品目のひとつにイチゴがある。そのブランドといえば、イチゴ界の「西の横綱」と称される「あまおう」。

県内の産地は鮮度を維持するため、集荷してから三日目までに関東地方の卸売市場で販売を済ませてきた。それができるのは、物流業界に残業規制がなかったことが大きい。これまでは、ドライバーに多少の無理を強いてきたわけである。言ってみれば、「ブラック」といえるような働き方も通ってきたわけだ。

ところが、先述のとおり、二〇二四年四月一日以降はそれが許されなくなる。

その結果、三日目までの販売がかなわない。今よりも一日や二日遅れるとなれば、鮮度を中心とした総合点において、関東地方の競合産地に勝てる見込みが一気に薄らぐ。

品種が持つ力は偉大である。ただ、全国流通が当たり前になった現代において、それを生かすも殺すも物流に負うところはあまりに大きい（図表1－2）。

†止まらないドライバー不足

もとより、ドライバー不足には歯止めがかからない。鉄道貨物協会によると、全産業におけるトラックドライバー数をみると、二〇一七年度は一〇・三万人の不足だった。これが二〇二五年度には二〇・八万人、二〇三〇年度には二七・八万人と増えると予測している。

一方で、ＥＣ（電子商取引）市場が急成長したことにより、宅配便の取り扱い個数は急増しているのだ。ドライバーは減っているのに、需要は増している。このままでは、物流環境は悪化するばかりである。

「二〇二四年問題」が、これに拍車をかけるのは必至だ。九州トラック協会によると、費用対効果が悪い農畜産物は、すでに輸送するのを真っ先に断られる対象になっているという。

迫りくる困難への対処は一通りではない。

たとえば、農産物を生産してから在庫管理して、配送や販売、消費に至るまでの一連の流れを適切な低温度帯に保つ「コールドチェーン」の構築だ。現状、少なくない産地が予冷せずに輸送している。予冷庫を備えた物流拠点を整備すれば、今まで以上に鮮度を保持できるので、輸送にかかる日数を延ばせる。

コールドチェーンについては、卸売市場も取り組むべき課題だ。産地で予冷して、冷蔵車で輸送されてきたのに、卸売市場で保冷する施設が整っていないことが目立つ。

段ボールなどを載せる荷役台「パレット」や、一トン程度の穀物を収容できる袋材「フレキシブルコンテナ（フレコン）」といった、効率的に輸送できる資材の活用も無視できない。現状は、段ボールを一つずつトラックに載せたり、コメについては三〇キログラムという小袋を使ったりしているから手間がかかる。

加えて、流通業者が身近な産地と提携することで、輸送にかける時間や燃料代を抑えるという決断もありうる。

「二〇二四年問題」に対して、一つで解決できる方法などない。一方で、サプライチェーンを見渡せば、取り組むべき課題は数多い。関係者を挙げて、できることを積み重ねることが欠かせない。

3　集出荷施設の老朽化で青果流通に不安

ＪＡが所有している青果物の集荷と出荷の機能を持つ施設（以下、青果物集出荷施設）が老朽化し、各地ではその再編が課題になっている。青果物の流通の要である施設の更新なくして、これからの産地はありえない。

とはいえ多額の投資をして青果物集出荷施設を新しくしたところで、受益者である農家が減る中では採算性を確保できるのか不透明だ。すでに北海道を除く都府県のＪＡの九割ほどは、農畜産物や農業資材、食品や日用雑貨品の売買といった農業に関係の深い経済事業は赤字である。それを信用（銀行）事業と共済（保険）事業（併せて金融事業）で穴埋めをしている。

ただ、これまた人口減に伴う顧客数の減少や超低金利などのあおりを受けて信用事業の先行きも危うい。おまけに共済事業も、ＪＡ離れで契約数は減ることが懸念されている。だからなおさら青果物集出荷施設への投資には慎重にならざるをえない。

第三章で、青果物集出荷施設を更新するＪＡの取り組みやその思惑について書く前に、本節では現状を押さえておきたい。

まずは、青果物集出荷施設とは何かについてあらためて説明しよう。これは文字通り、農家が作った野菜や果物などの荷物を受けて、規格に沿って選別して荷造りし、ときに予冷や貯蔵をしながら、卸売市場や量販店などに出荷する機能を持った施設である。ＪＡが一連の作業を一括して請け負うことで、農家は個別にそれらの作業を負担させられることがなくなり、営農に集中できるようになっている。

その青果物集出荷施設は、全国にどれくらいあるのだろうか。農水省がまとめている「農協についての統計」によると、施設の数は二〇一五年に四四一〇だったのが二〇二〇年には四一七九にまで減っている（図表１－３）。

図表１－３　JAが運営する青果物集出荷施設の推移

事業年度	運営するJA数	施設の箇所数
2017	571	4,388
2018	570	4,327
2109	557	4,308
2020	531	4,261
2021	509	4,179

農水省「農協についての統計」

では、このうち更新の時期を迎えている施設はどれだけあるのだろうか。農水省に尋ねたところ、「調査はしていない」とのこと。第二節で取り上げた物流危機が国家的な課題になる中、青果物集出荷施設の再整備もまたそこに位置づけられてしかるべきである。それなのに実態を把握していないのは、無責任な話ではないか。

代わりに頼りになるのが、農林中金総合研究所の尾高恵美主任研究員による論文「農協における青果物共同選果場の再編に向けた合意形成」（『農林金融』二〇一八年一二月号）だ。尾高主任研究員はこの論文で、ＪＡの有形固定資産の老朽化の度合いを示す「資産老朽化比率」を試算している。この比率が高いほど、耐用年数が迫っていることを意味する。

その試算によると、一九九〇年度は五四・三％だったのが、二〇〇〇年度には六二・二％、二〇一五年度には七一・六％にまで上がっている。二〇一六年度には設備投資の回復で七一・四％とごくわずかに下がったというのものの、依然として高い水準であることに変わりはない。

さらに尾高主任研究員は、青果物集出荷施設の減少以上に稼働率のほうが下がっている事態を懸念している。

具体的には、青果物集出荷施設の数は、二〇〇七年度に四七〇六だったのが、二〇一六年度には四三八八と、九年間で六・八％減少した。

一方、青果物集出荷施設の需要量については、果物の二大主力であるリンゴとカンキツ類の栽培面積と出荷量でみている。すなわち二〇〇七年から二〇一六年の栽培面積は、リンゴで四万二一〇〇ヘクタールから三万八三〇〇ヘクタールへと九・〇％減、カンキツ類で八万二〇〇〇ヘクタールから七万一〇〇ヘクタールへと一四・五％減となった。

加えて、リンゴの同期間の出荷量は七四万八七〇〇トンから六八万四九〇〇トンへと八・五％減となった。カンキツ類については、論文発表時に一六年の統計が出ていなかったためか、二〇〇七年から一五年の期間で比較している。つまり、一二七万六二二トンから九五万七七一九トンへと二四・六％減となった。尾高主任研究員も説明するように、出荷量については天候の影響や着花や着果の年次変動があるので一概に比較はできない。ただし、右肩下がりで来ているのは確かである。

以上を踏まえると、青果物集出荷施設の稼働率が低下する傾向にあることがうかがえる。

もちろんそれは、青果物集出荷施設の採算性の悪化のほか、施設の利用料が上がるという点で農家に悪い形ではねかえってくる。

青果物集出荷施設をどう再整備するのか。人手が必要な作業をロボットに任せたり、複数のJAが地域の壁を越えて共同で施設を運用するなど、やれることはたくさんあるはずだ。JAには、従来の枠にとらわれない柔軟な発想と実行力が求められている。

4　多くの農業集落で存続に黄信号

「四国的状況」、あるいは「四国的現象」――。これは、離農が進む一方で、受け皿になる経営体が育たず、耕作放棄が進むという負のスパイラルに陥る状況を表した言葉だ。

農家戸数は、高度成長に入った一九六〇年代以降、右肩下がりを続けてきた。一九八〇年代後半からは、零細な農家が退出する分、大規模経営に集約されていくという「構造変動」が加速してきた。

ところが、これに反して大規模経営が育たず、中小規模の経営が多いという構造がほとんど変わらぬまま、耕作放棄地が増える地域が現れた。

こうした農業の衰退がとくに四国でみられるとして、一九九〇年代後半に農業経済学者の宇佐美繁（一九四二―二〇〇三）によって、この言葉が作り出されたのだ。

四半世紀を経たいま、四国的状況は全国各地に拡大している。言葉が生まれた当初から、中山間地域に共通した状況だと指摘されていて、より深刻さの度合いを増してきた。

中山間地域とは、平野の周辺部から山間部までの山あいの地域を指し、国土面積の約七割を占める。総農家と耕地面積の約四割が分布する。

なかでも、地域と農業の衰退が深刻なのは山間部だ。
「二〇一五～四五年の三〇年間で、山間農業地域の人口は半減し、過半が六五歳以上の高齢者になると見込まれる」

農政に資する調査研究を担う農林水産政策研究所は、二〇一八年に公表した「農村地域人口と農業集落の将来予測――西暦二〇四五年における農村構造」で、こう予測した。

図表1-4-1　農業地域類型別の人口推移と将来予測

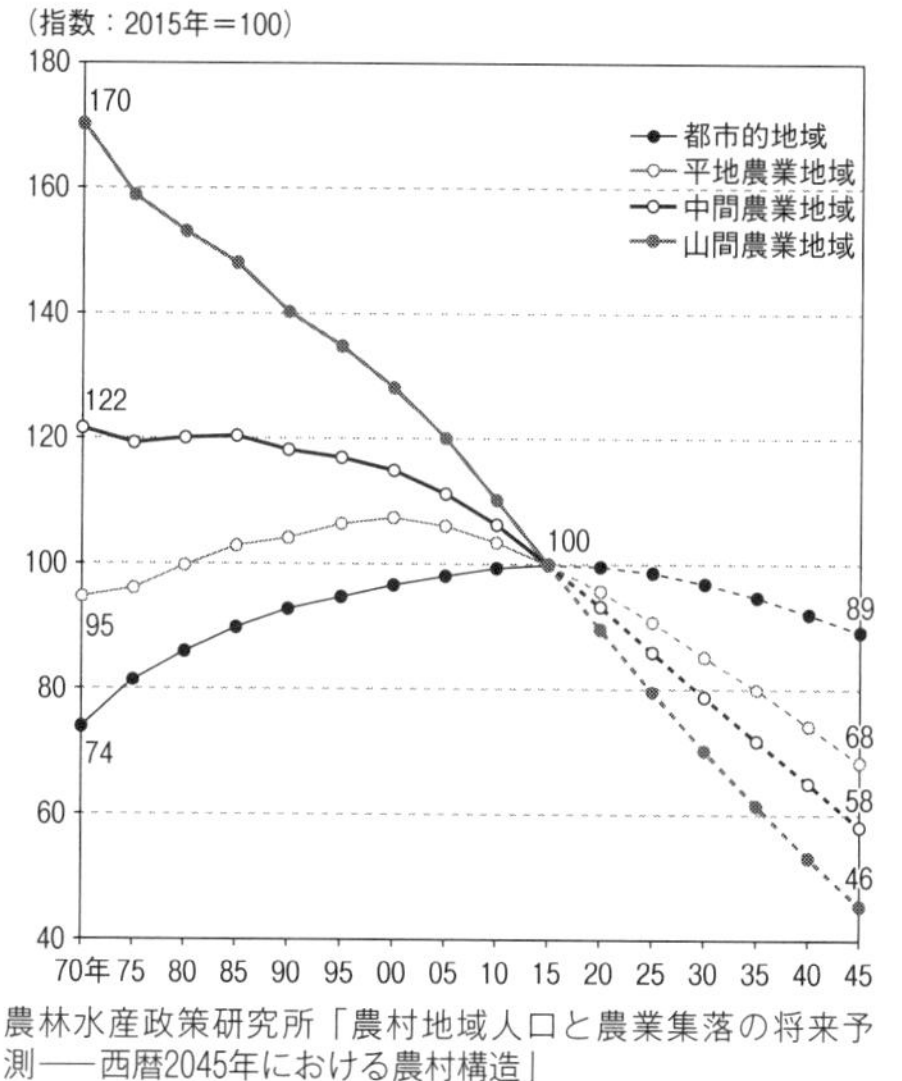

農林水産政策研究所「農村地域人口と農業集落の将来予測――西暦2045年における農村構造」

同研究所は、地域類型ごとの人口の推移と将来予測も行っており、「人口減少の進行は、農業地域類型間で大きな差」があると指摘する。農業地域類型別の人口推移を見ると、林野率八〇％以上かつ耕地率一〇％未満と定義される山あいの「山間農業地域」では一九七〇年以降、人口が直線的に減って

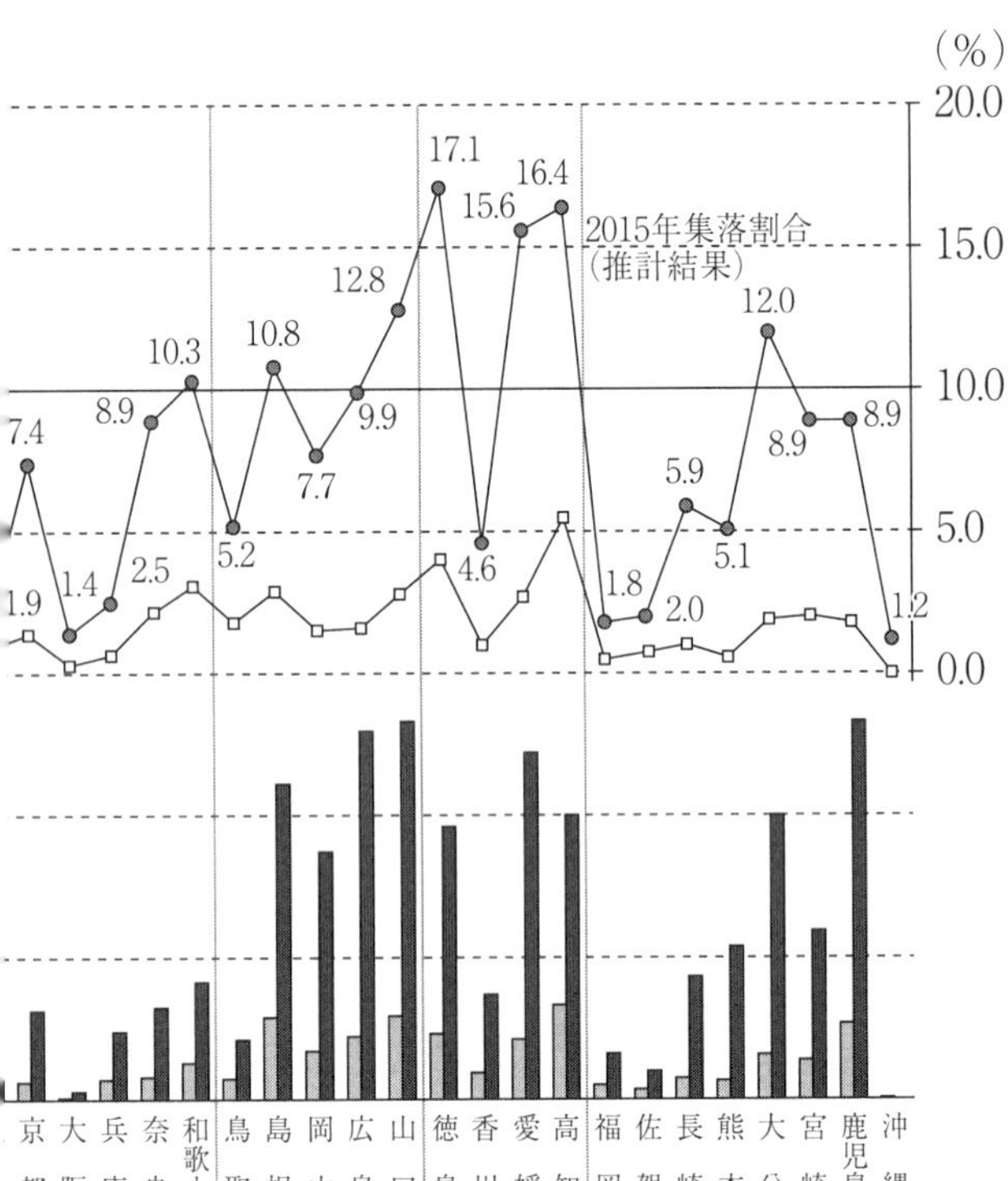
(%)
20.0
15.0
10.0
5.0
0.0
2015年集落割合
(推計結果)
7.4
1.9
1.4
8.9
2.5
10.3
5.2
10.8
7.7
9.9
12.8
17.1
4.6
15.6
16.4
1.8
2.0
5.9
5.1
12.0
8.9
8.9
1.2
京都
大阪
兵庫
奈良
和歌山
鳥取
島根
岡山
広島
山口
徳島
香川
愛媛
高知
福岡
佐賀
長崎
熊本
大分
宮崎
鹿児島
沖縄

図表1－4－2　都道府県別の「存続危惧集落（人口9人以下＆高齢化率50％以上）」数及び同割合

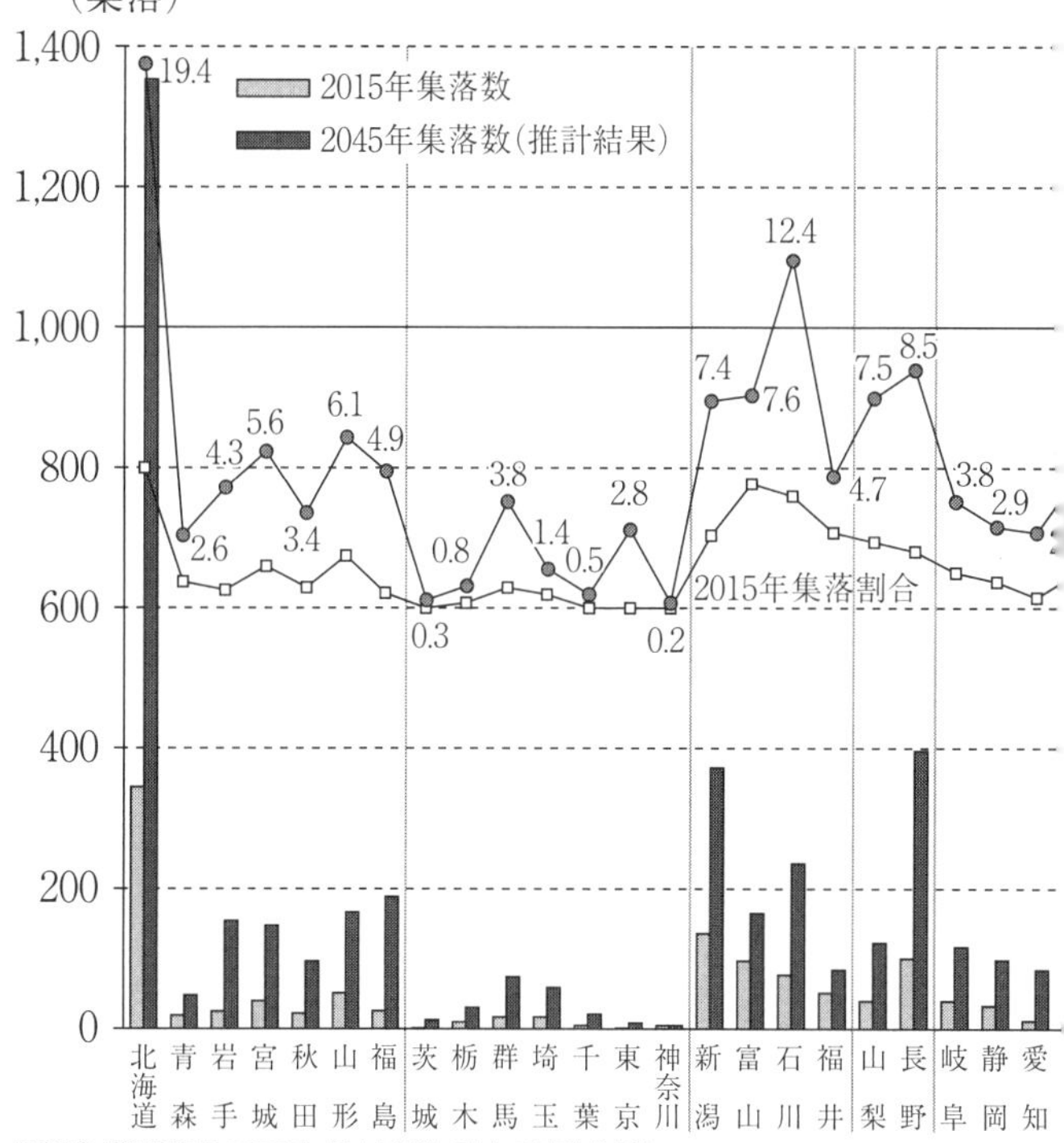

橋詰登「農業集落の変容と将来予測に関する統計分析」

いる（図表1－4－1）。

†「存続危惧集落」の農地どうなる？

人口が九人以下でかつ高齢化率が五〇％以上の集落は「存続危惧集落」と呼ばれる。同研究所によると、その数は「二〇一五年の二千集落から三〇年後（二〇四五年）には一万集落へと四倍以上に増加」する。その九割は中山間地域にあるという。

農業の面で問題なのは、こうした集落がそれなりの農地を持っていることだ。二〇四五年に存続危惧集落となる集落が有する耕地面積を、二〇一五年の実績に基づいて計算すると、全国で約二〇万ヘクタールになる。これは、約二二万ヘクタールの東京都より少し狭いくらい。二〇万ヘクタールのうち、中山間地域が約一三万ヘクタールを占める。

この分析通りの未来が到来すれば、二〇万ヘクタールの大部分は、担い手となる農家の不在により、耕作放棄地になりかねない。農業の担い手がいない集落は二〇一五年時点で三分の一を占めており、その割合は高まりこそすれ、下がるとは考えにくいからだ。

一連の分析を行った同研究所研究員の橋詰登（はしづめのぼる）さんは、推計の結果をこう解説している。

「山間農業地域では、二割の集落（五三六〇集落）が存続危惧集落に該当すると推計された。また同地域では、有人集落の四割強（一五七五集落）で一四歳以下の子供がいなくなるといった衝撃的な予測結果となった」(橋詰登「農業集落の変容と将来予測に関する統計分析」)

存続危惧集落が二〇四五年に一〇%を超えると見込まれる都道府県は、北海道と石川、和歌山、島根、山口、徳島、愛媛、高知、大分だ(図表1-4-2)。四国的状況が最初に見いだされただけあって、香川県を除く四国各県が高い比率となっている。

なお、北海道が二〇%に迫るほど高いのは、もともと集落の世帯数が少ないうえに、本州に先駆けて離農と規模拡大が進んだためだろう。

このままいけば、中山間地域の農業は、いま以上の困難に直面することになる。

橋詰さんは前掲の分析をこうしめくくっている。

「これら趨勢での予測結果は、今後の政策対応によってはまったく異なる結果ともなり得る。つまり、現在広がりつつある田園回帰(筆者注=過疎地域で都市部からの移住、定住が活発化すること)の流れが大きな潮流となれば、将来の農村における『消滅危惧集落』は大幅に減少することになろう。そのためにも、都市から農村への新しい人の流れをつくることが喫緊の課題と言えよう」

四国的状況に陥る地域の農業をどう維持していくか。そのことが問われている。

5　耕作放棄地の増加と懸念

「富山県と同じくらいの面積の耕作放棄地」

これは、メディアが耕作放棄地について課題的に取り上げる際の決まり文句だ。

耕作放棄地は二〇一五年時点で約四二万三〇〇〇ヘクタールあり、富山県と同じくらいの面積だった（図表1-5-1）。過去のデータであるため、現状はもっと増えているはず。ただ、その実態は不明だ。農業版の国勢調査とも言うべき「農林業センサス」で二〇二〇年から耕作放棄地を調査対象としなくなったからだ。

耕作放棄地は病虫害や鳥獣害の温床になり得る。雑草が生い茂り、格好の隠れ場や繁殖の場になってしまうからである。

さらに、国土交通省が市区町村を対象に実施した調査では、耕作放棄地の発生による不利益として、景観の悪化や雑草の繁茂、不法投棄などが指摘された（「必要な管理がされていない土地に関するアンケート調査」平成二九年一一－一二月国土交通省国土政策局実施）。

二〇一九年の農地面積四三九・七万ヘクタールを基準として、農林水産省は現状の趨勢のままなら二〇三〇年までに三二万ヘクタールの荒廃農地が発生するとしている。この一一年間で、

図表1-5-1　耕作放棄地面積の推移

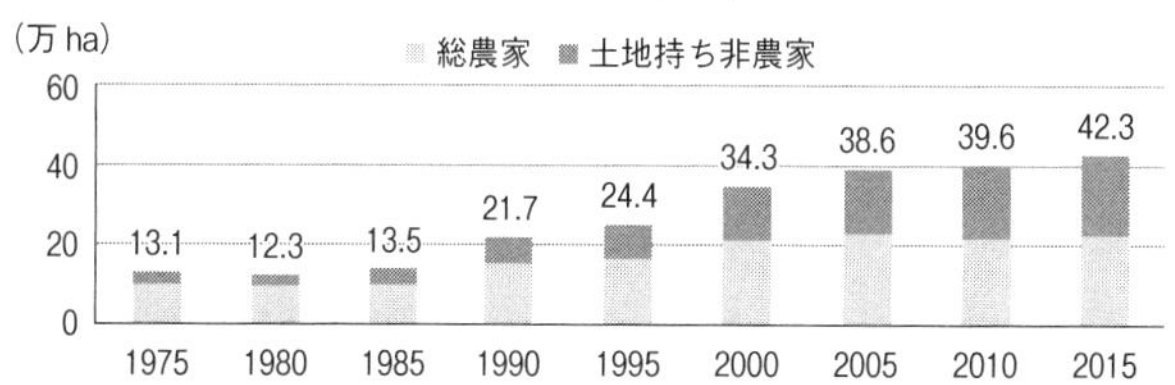

資料：農林水産省「荒廃農地の発生・解消状況に関する調査、「農林業センサス」

注：1　「荒廃農地」とは、「現に耕作に供されておらず、耕作の放棄により荒廃し、通常の農作業では作物の栽培が客観的に不可能となっている農地」。

2　「A分類（再生利用が可能な荒廃農地）」とは、「抜根、整地、区画整理、客土等により再生することにより、通常の農作業による耕作が可能となると見込まれる荒廃農地」。

3　「B分類（再生利用が困難と見込まれる荒廃農地）」とは、「森林の様相を呈しているなど農地に復元するための物理的な条件整備が著しく困難なもの、又は周囲の状況から見て、その土地を農地として復元しても継続して利用することができないと見込まれるものに相当する荒廃農地」。

4　「耕作放棄地」とは、「以前耕作していた土地で、過去1年以上作物を作付けせず、この数年の間に再び作付けする意思のない土地」。

5　四捨五入の関係で計が一致しない。

農林水産省「荒廃農地の現状と対策」2020年4月

鳥取県より少し狭いくらいの農地が荒れてしまうということだ。

このことがどれほど問題なのか、あるいは問題でないのか。これから解説していきたい。

まず、耕作放棄地と荒廃農地という似たような言葉の違いを整理しておこう。

「耕作放棄地」は、以前は農地であったものの、過去一年以上、なにも栽培せず、さらに当面は耕作する予定のない土地のこと。農家など耕作者の主観的な評価に基づいて決まる。

一方の「荒廃農地」は、市町村や農業委員会の調査員が現地調査で客観的に評価する。荒廃していなくても、農家に耕作の意思がない場合もあるため、耕作放棄地の数字のほうが大きくなる。

こうした耕作されない農地の増加は、先に挙げたような望ましくない影響をもたらす。そうには違いないが、致し方ないところもある。

†農林水産省が農地を過剰に造成した過去

中山間地を訪れて周囲を見渡せば、目に入ってくる山の多くが元は農地だったりする。スギやヒノキの林になっている斜面に分け入ると、かつて棚田があった痕跡の石垣が残っている。何十年も前に耕作放棄されたこれらの棚田を、旧に復さなければと思う人がいるだろうか。

全国で増え続ける耕作放棄地の中には、もはや耕作する必要性のないもの、そもそも開墾された当初から必要性の薄かったものが少なからず混じっている。

現に、今に至るまで農地の造成はずっと続いている。二〇二〇年に新たに拡張された耕地面積は〇・八万ヘクタール、二一年は〇・七万ヘクタールだ（図表1－5－2）。〇・七万ヘクタールは、東京ドームおよそ一五〇〇個分に当たる。

一九六一～二〇二一年に造成された農地は、一一三万ヘクタールにのぼる。これは、耕作放棄地の面積の三倍近い。耕作放棄地の増加に国の農地開発が拍車をかけたのは、間違いない。

それだけに、農林水産省の「食料の安定供給の確保、多面的機能の発揮を図っていくために

図表1－5－2　耕地面積の推移

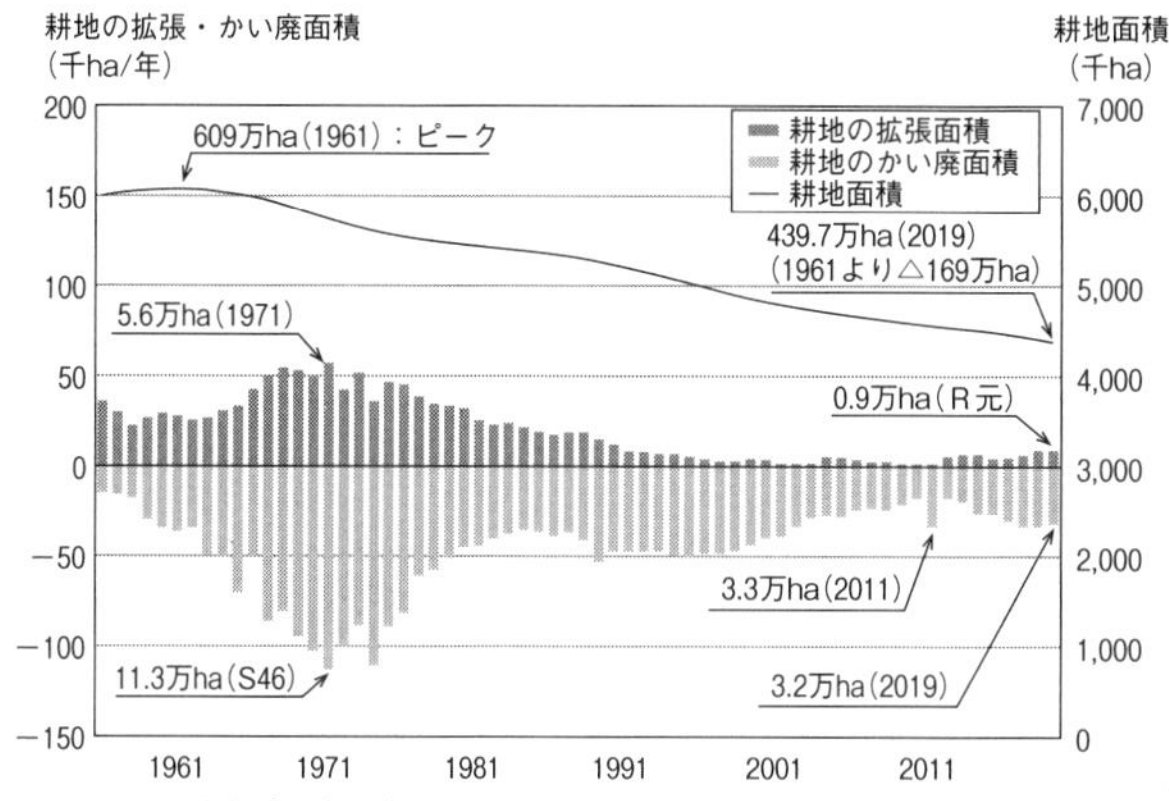

※1：出典「耕地及び作付面積統計」
※2：耕地のかい廃は、自然災害、転用、荒棄農地等の面積の合計
農林水産省「荒廃農地の現状と対策」2021（令和3）年12月

は、今後とも国内農業の基盤である農地を確保していく必要」があるという主張は、割り引いて考えなければならない。

所有者の不作為やわがままが荒廃招く

農林水産省の調査によると、荒廃農地になる理由で土地に起因する最大のものは「山あいや谷地田（筆者注＝谷地の水田）など、自然条件が悪い」（二五％）だ。「区画が不整形」「接道がない、道幅が狭い」がいずれも一六％で続いていて、条件不利地ほど荒れやすいのが分かる（図表1－5－3）。

こうした農地の荒廃を防ぐのは、難しい。地域内で、山に戻したほうがよい農地と、生産基盤として維持しなければならない農

図表1-5-3　荒廃農地になる理由（土地）

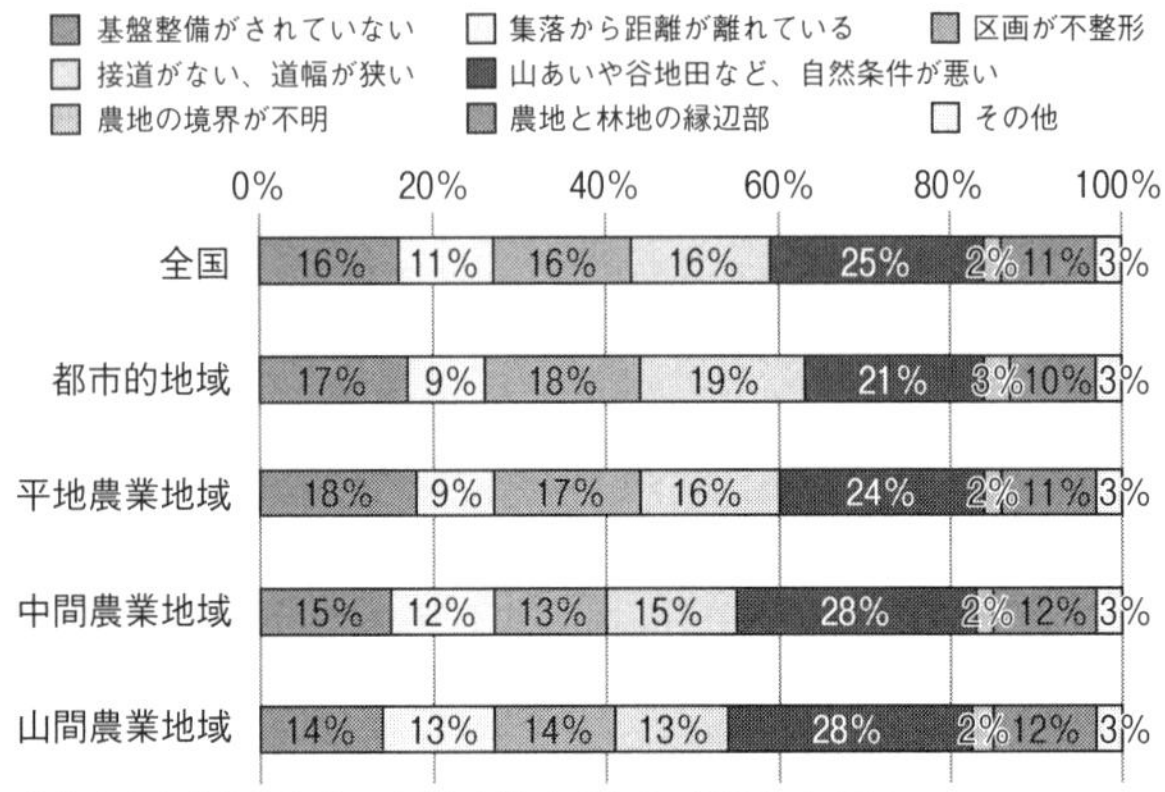

農林水産省「荒廃農地の現状と対策」令和３（2021）年12月

地とを線引きすることが重要になっていく。

一方で、立地がよく一枚が広い優良農地については、荒廃を防ぐ必要がある。所有者に起因する荒廃の理由には、その不作為やわがままと言えるものが含まれる。「地域内に居住していない（不在村地主）」（一七％）、「農地を保全することに関心がない」（一〇％）、「所有者が不明」（四％）、「資産的保有意識が高く、農地を貸したがらない」（三％）といった具合だ。

最後の資産的保有意識が高いことは、荒廃農地の発生にとどまらない悪影響を農業に与えている。

農地は宅地に比べて固定資産税が安く、所持するのにあまり費用がかからない。一方で、住宅や工場、道路など農外の目的に転用されると高値で売れる。

つまり、農家にとって転用は、元手のかからない宝くじのようなものだ。この「転用期待」があるために、所有者は耕作する能力がなくても、農地を手放したがらない。その結果、農地の集約が進まず、農業の生産性が改善するのを妨げてきた。

こうした転用期待で農地を荒らしてしまう所有者に、課税を強化する動きがある。固定資産税を従来の一・八倍にするという対応が、国の税制改革によって二〇一七年度に始められた。対象となるのは、農業委員会が農地所有者に対し、農地の貸し借りを仲介する「農地中間管理機構」と協議すべきと勧告した農業振興地域内の遊休農地だ。所有者が機構への貸し付けの意思を表明せず、自ら耕作を再開しないなど、遊休農地を放置している場合に勧告がなされる。

所有者に対する課税や罰則の強化は、今後、一層進めていかなければならない。

ここまでみてきたように、単に耕作放棄地の増加を憂いても意味はない。優良農地が捨て置かれるのは防ぎつつ、残された農地の反収を高めて生産性を上げる。農業就業人口が減る以上、これが最も現実的な解となる。

6　農家の減少と高齢化

とくに稲作において、高齢な農家が離農するきっかけは、次の二つの場合が多い。すなわち、機械が壊れるか、身体が壊れるかだ。田植えまでは一人でできていたのに、病気やケガで倒れてしまったので、耕作していた数ヘクタール分を近くの農家数軒で手分けして稲刈りをした。こんな話をよく聞く。

農業従事者数の減少は、いまに始まったことではない。ここ六〇年の推移をみると、一九六〇～九〇年まではジェットコースターのような下降の線を描いて減っている（図表1-6-1）。それ以降は、減少の速度が若干落ちていたものの、二〇一五年と二〇年には再び加速した。それぞれ、五年前に比べておよそ一五％と二二％のマイナスとなっている。

図表1-6-1　農業従事者の変化

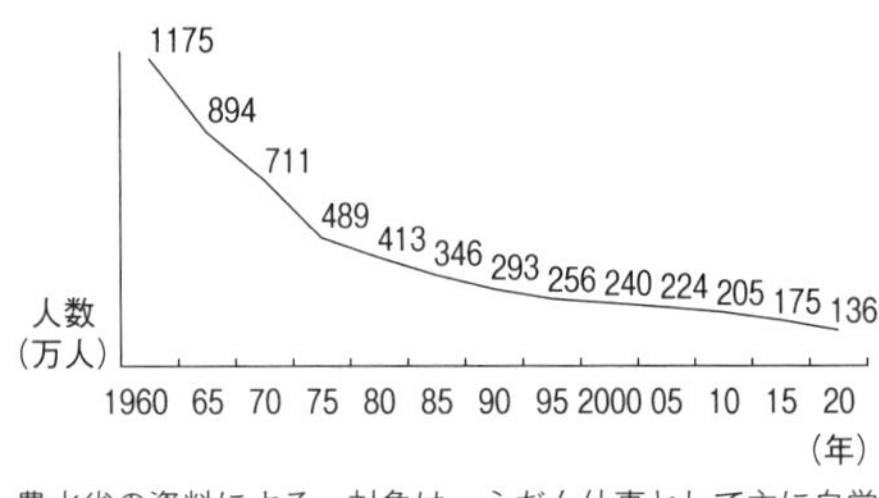

農水省の資料による。対象は、ふだん仕事として主に自営農業に従事している人。1985年からは販売農家（経営耕地面積30アール以上または農産物販売金額が年間50万円以上の農家）の人数

この傾向は今後も続く見込みだ。主な仕事が農業である基幹的農業従事者数について、財務省は次のように推計する。すなわち、二〇二〇年の一三六万人から、三〇年に四四％減の七六

万人、四〇年には二〇年比六九％減の四二万人まで減るというものだ（図表1－6－2）。

働き手が著しく減る一方、農家戸数はどうなっているのか。農業版の国勢調査に当たる「農林業センサス」の数字を見てみよう。

調査対象とするのは、経営耕地面積が三〇アール以上、または農産物の販売金額が五〇万円以上の「販売農家」。直近の二〇二〇年版では、その数は三〇万二〇〇〇戸になった。二〇一五年の前回調査では一〇七万六〇〇〇戸だったので、実に七七万四〇〇〇戸の減、比率にして約二二％のマイナスだ。

図表1－6－2　基幹的農業従事者数の減少

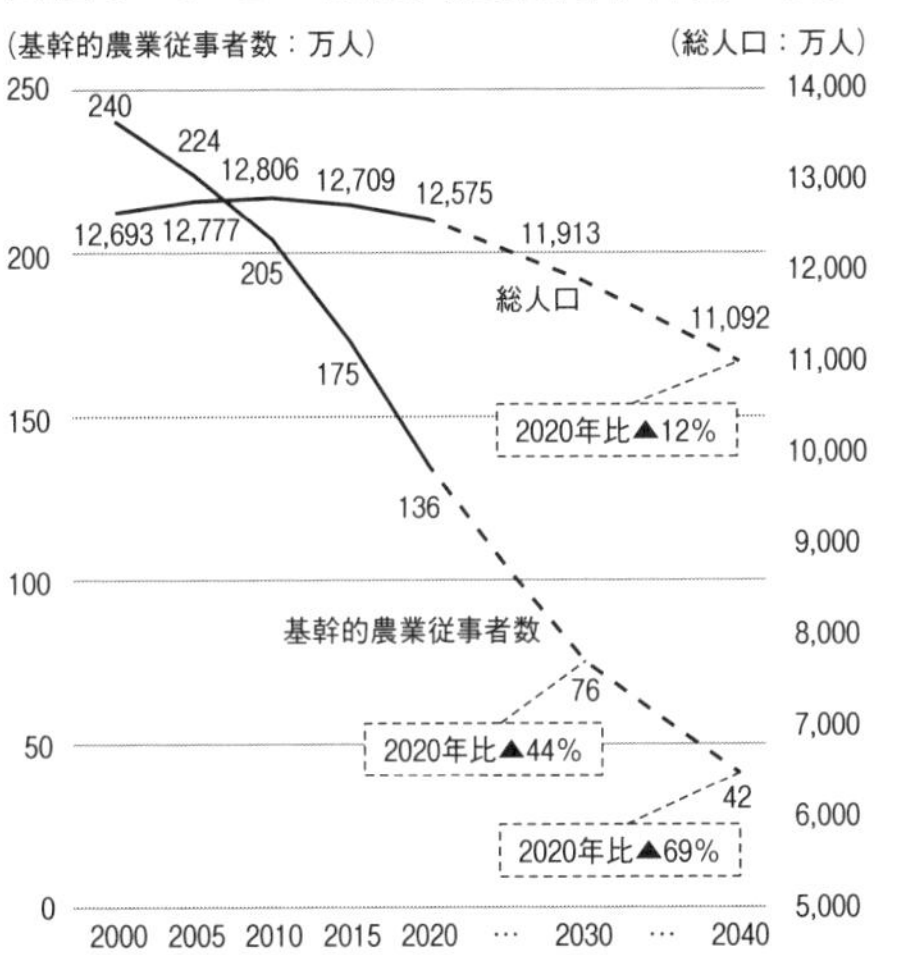

財務省「農林水産」2021年４月30日
農林水産省「農林業センサス」を基に、財務省において独自に推計。
2015年までの総人口：総務省「国勢調査（各年10月１日現在)」、2020年総人口：総務省「人口推計（2020年９月１日現在（確定値))国立社会保障・人口問題研究所「日本の将来推計人口（2017年推計）（出生中位・死亡中位)」
「基幹的農業従事者数」の将来推計における主な前提は以下のとおり。
・29歳以下は、「2020年農林業センサス」の数値を将来にわたって横置き
・30歳以上の増減割合は、５歳単位毎にそれぞれ2015～2020年の増減割合で推移すると仮定

図表1－6－3　基幹的農業従事者数（個人経営体）の推移（全国）

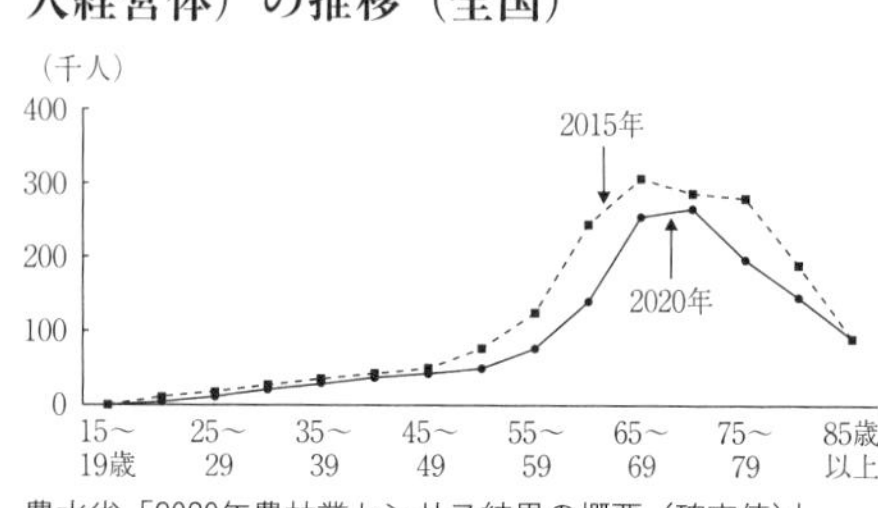

農水省「2020年農林業センサス結果の概要（確定値）」

数と比率の両方で、過去最大の減となった。減少率はくしくも、農業従事者数のそれと同じである。働き手も農家も、同じように減っているのだ。

いま、かつてない大量離農が起きている。要因は、農家の高齢化だ。その平均年齢は二〇二〇年に六七・八歳で、五年前より〇・七歳上がった。

統計上、農家は七〇歳を境に離農していく。二〇一五年と二〇二〇年版センサスでも、年代別の人口を示す折れ線グラフは七〇歳の前後を境に落ち込んでいる（図表1－6－3）。

販売農家のうち、六五歳以上の占める割合は六九・六％に達する。二〇一五年より四・七％増えた。引退を目前に控えた農家がひしめき合っているため、大量離農は当面続く。

†零細な農家が多すぎる

農家の減少と高齢化は、日本の人口減少に先駆けて起きている。就業者数の推移を他産業と比べれば、そのことは明らかだ。

全産業の就業者数は一九九八年から減少を続け、二〇一二年に六二八〇万人になった。その後再び増加に転じ、二〇二二年は六七二三万人となっている。一五～六四歳の生産年齢人口が減っているにもかかわらず、就業者数が増えている要因は、女性や高齢者の就業率の向上だ。

しかし、農業は、この就業者数の増加と無縁である。農林業の就業者数は二〇一二年に二二五万人だったのが、二〇二二年は一九二万人まで減った。女性の就業者数も減る傾向にある。非農林業はというと、一二年に六〇五五万人だったのが、二一年に六五三二万人まで増えた。

なぜ農家がこれほど減るのか。その一因は、そもそも零細な農家が多すぎることにある。かつて「農業界の憲法」と呼ばれた一九六一年制定の農業基本法は、零細な農家の離農による農業構造の改善を目指していた。その政策目標は、農業の「生産性の向上」と「生活水準の他産業との均衡」だった。

しかし、零細な農家の退出は目標通りに進まなかった。二〇二〇年版センサスによると、販売金額が一〇〇万円以下の農家は五割強もいるのに、農産物の全販売金額に占める割合は五％を下回る。つまり、零細な農家が離農しても、日本の食と農は揺るがない。

現在の大量離農は、農業の生産性を上げるという長年の命題を解決するチャンスといえる。零細な農家が退出し農地がより大きな農家のもとに集まるという「構造変動」は、実は歓迎すべきものなのだ。

7　一人当たり三倍の農地を耕す未来

徳島県小松島市に広大な面積の水田を預かる「トマト農家」がいる。経営の柱はあくまでトマトながら、周囲で高齢になった農家の要望を受けて始めた水田の作業を請け負う事業が、図らずも急成長したという。高糖度トマトを栽培するハウスの面積二ヘクタールに対し、水田のそれは五〇倍以上の一〇五ヘクタールに達している。

トマトと水田作という二刀流の経営をしているのは、有限会社樫山農園代表取締役の樫山直樹（かしやまなおき）さんだ。毎年数ヘクタールずつ水田での受託作業を増やしてきたが、自分から地権者に借してほしいと持ちかけたことはない。それでも、「うちの田んぼもやってくれないか」と、次々と依頼が舞い込んできた。

「農地の受け皿がないと、環境保全だったり治安維持だったりという水田の多面的機能が働かなくなる」

樫山さんはこう考え、条件不利地も断らずに、借り受けてきた。その結果、一〇〇〇枚を超える水田が分散錯圃（さくほ）の状態で、同県東部に点在する。

大規模生産者ながら、水田一枚が平均一〇アールと狭いうえに、移動に時間をとられ、作業の効率は悪い。
「管理がかなり大変なので、いまは条件不利地の耕作をお断りしています。それでも農地は年々増えていますね」
すさまじいまでの農地の集積。これは、全国に共通した現象である。

グラフ（図表1-7-1）の通り、一九六〇年ごろから、一人当たりの経営耕地面積は右肩上がりを続けてきた。

図表1-7-1　農業就業人口1人当たり経営耕地面積の推移

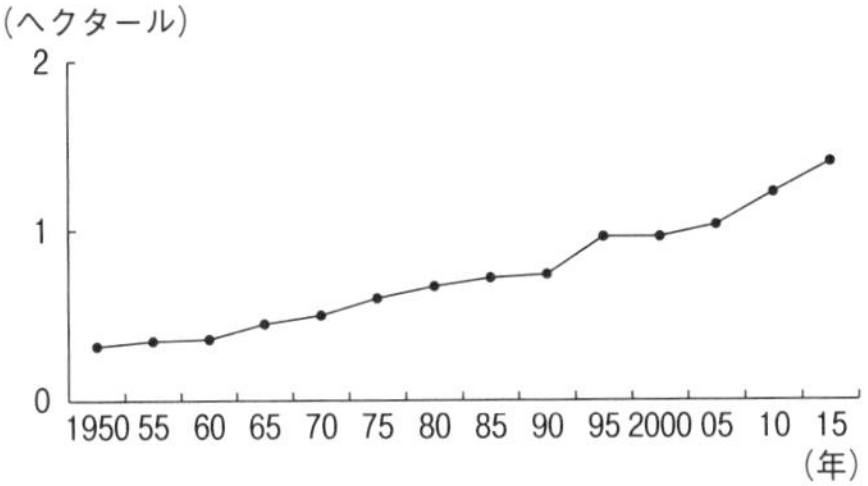

（ヘクタール）

1950 55 60 65 70 75 80 85 90 95 2000 05 10 15（年）

農業構造動態調査、農林業センサスより筆者作成

このままの勢いでいくと、将来の農業従事者は、一人当たり果たしてどのくらいの面積を耕作するのか。財務省が二〇二一年四月三〇日に公表した資料「農林水産」をもとに計算してみよう。

資料が取り上げるのは、基幹的農業従事者だ。これは、農業経営体の大宗を占める個人経営体において、ふだん仕事として農業に従事している世帯員をいう。その数は、二〇二〇年に一三六万人いたが、三〇年に四四％減の七六万人、四〇年には二〇年比六九％減の四二万人になると推計している。

図表1－7－2　農地面積の減少

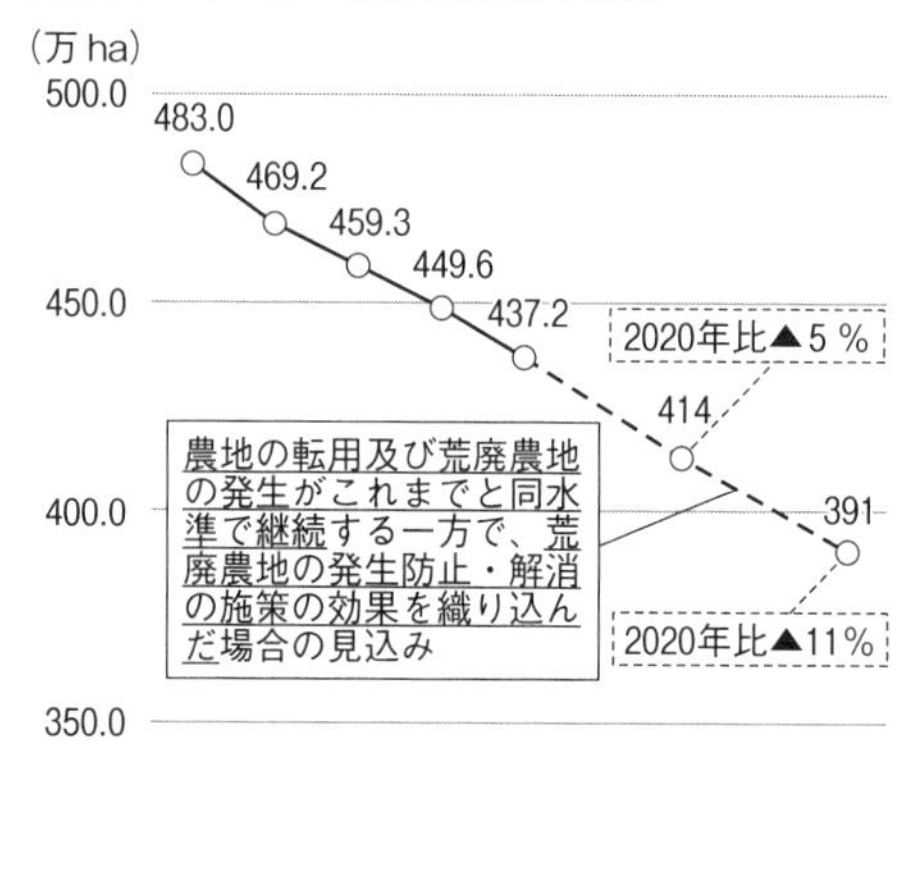

財務省「農林水産」2021年4月30日
農林水産省「耕地及び作付面積統計」、2030年の数値は、農林水産省「食料・農業・農村基本計画（令和2年3月31日閣議決定）に関する参考資料「農地の見通しと確保」」
2040年の数値は、2031年以降も2020～2030年までのすう勢（減少割合）が続くものと仮定して財務省において機械的に推計。

一方の農地面積は、二〇二〇年に四三七・二万ヘクタールだったのが、三〇年に四一四万ヘクタールで五％の減、四〇年に三九一万ヘクタールで二〇年比一一％の減と推計する（図表1－7－2）。

農地面積を基幹的農業従事者の数で割ると、一人当たりの面積が出る。二〇二〇年のそれは、約三・二ヘクタール。三〇年は約五・四ヘクタール、四〇年は約九・三ヘクタールに達する。つまり、二〇四〇年には一人当たり現状のおよそ三倍の面積をこなさなければならない。

†水田作で進む劇的な規模拡大

なかでも、集積が劇的に進むのは、面積当たりの収益性が低く機械化されている土地利用型作物だ。水田で作れるコメ、ムギ、ダイズがそうである。

一方で、野菜や花卉、果樹は人間の労働力に頼る部分が大きい労働集約型作物であり、面積を何十倍にも増やすということは簡単にできない。

現に、樫山農園はトマトと水田作の両方とも拡張に励んできたものの、その速度は段違いである。樫山さんの父、博章さんが一九九三年に就農した際、水田は六〇アール、ハウスは一二アールだった。それが今では水田一〇五ヘクタール、ハウス二ヘクタール。水田は一七五倍に増え、対するハウスは約一七倍にとどまる。

水田作の規模拡大は、目を見張るものがある。「メガファーム」といえば、一般的に一〇〇ヘクタール以上を耕作する生産者を指す。ところが、そもそも規模が段違いに大きい北海道はもちろん、東北や北陸でもいまや、この規模の農家が珍しくなくなっている。一〇〇〇ヘクタールに迫る生産者も現れて、「一〇〇ヘクタール程度でメガファームと呼んでいいのか」という声すら上がるくらいだ。

先見の明のある農家は、農地が否応なしに集まる将来を見据え、倉庫や乾燥調製施設などの設備をあえてオーバースペックに作っている。巨大な建屋のごく一画に、コメやムギ、ダイズなどに対応する穀物乾燥機が置かれ、あとはがらんどう。そんな倉庫を各地で目にしてきた。

ただ、農地の集約にブレーキをかけかねない不安要素もある。まずは、規模拡大してもスケールメリットが得られず、作業の効率や収益が上がらなかったり、むしろ悪化したりするという落とし穴が挙げられる。水田が面的につながっていない分散錯圃のために、効率が悪くなってしまうからだ。加えて、労働力を確保するには雇用が必要だが、コメが中心だと冬場の仕事がなく、その間も人件費がかかるために、収益が悪くなるという問題もある。

次に、肝心のコメで生産調整（減反）をしていることが挙げられる。減反政策と呼ばれるもので、コメを作付けする面積を決めて全国に割り振り、補助金や助成金で別の作物を作るよう誘導してきた。一九七〇年に始まったこの政策により、今では四割の水田が転作をしている。

その目的は、需給を無理やりつり合わせ、米価を高止まりさせることにある。結果として、消費者や、外食産業や食品メーカーといった実需者は高いコメを嫌い、その消費量を減らしてしまった。ここ数年は需要の減少が著しく、年間一〇万トンほど減っていると農林水産省は見積もる。つまり、人口減少に伴う消費量の減少以上に需要を減らしてしまっている。本来、農家の所得を上げるために米価をつり上げたはずが、かえって首を絞めているのだ。

この政策は、将来どんな帰結を迎えるのか。それが、農地の集約を考えるうえでの最大の懸念材料である。

8　もはや主食ではないコメ

二〇二一年の農業総産出額は、二〇年に比べて九八六億円減の八兆八三八四億円となった。畜産の産出額が一六七六億円増やして三兆四〇四八億円と過去最高に達したにもかかわらず、総産出額が減った元凶は、コメだ。前年比で一六・六％減の二七三二億円の減で、過去最低レベルの一兆三六九九億円となった。

その需要量は一貫して減り続けていて、近年、減少ペースが速まっている（図表1－8－1）。農林水産省はその要因を人口減少に求めがちだが、実際には政策によってコメの需要減に拍車をかけている。コメがいかに消費を減らしてきたかを振り返りたい。

かつて日本人の主食はコメだった。一人当たりの年間消費量は、ピークだった一九六二年度に一一八キロに達していた。それが二〇二二年度は五〇・八キロと半分以下まで減っている。

「コメはもはや主食ではない」

この言葉は、いまや稲作農家からすら聞かれる。

博報堂生活総合研究所の「生活定点調査」によると、「お米を一日に一度は食べないと気が済まない」という消費者は、一貫して減っている。二〇二二年の調査では、前回の二〇二〇年

図表1-8-1　主食用米の需要量の推移

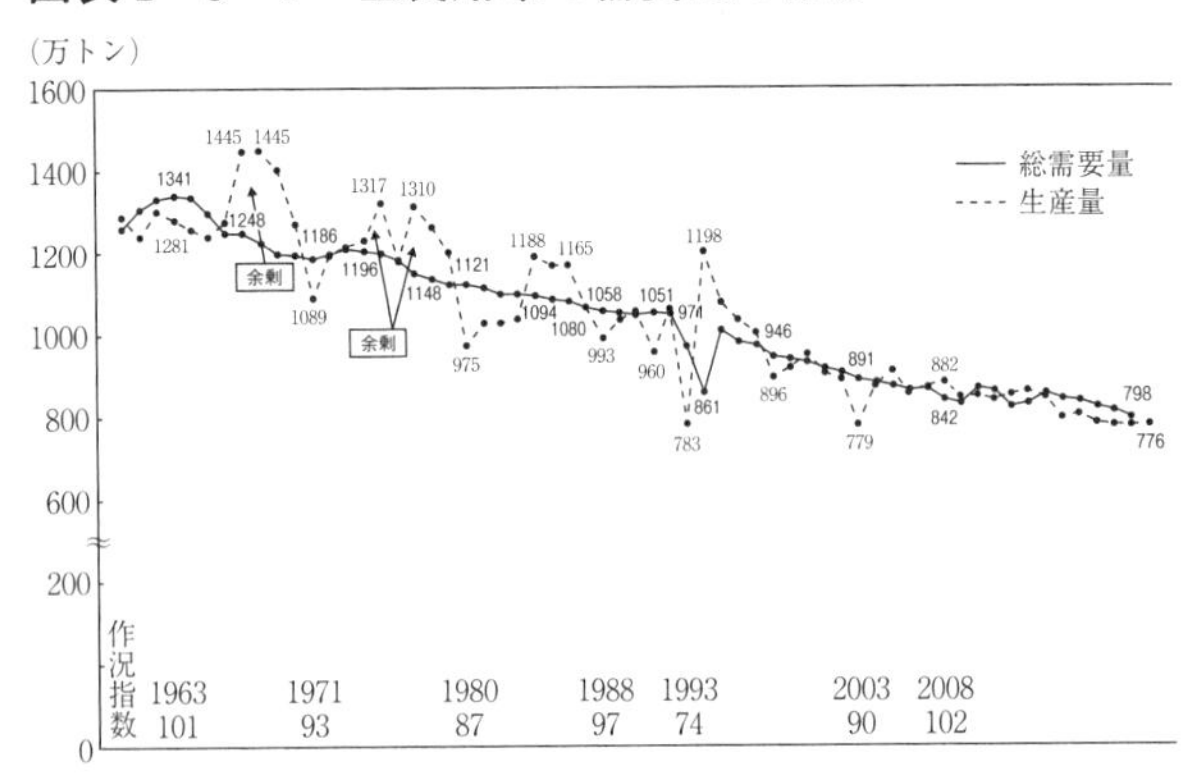

農水省「米をめぐる関係資料」2022年10月

に比べて約四ポイント減り、三九・二%となった。つまり六割は、毎日のようにコメを食べなくても差支えないわけだ。

一世帯当たりの年間支出金額でいうと、コメはもともと主食で首位に立っていた。しかし、二〇一四年以降、その座をパンに明け渡している。

日本人が一日で摂取する品目別のカロリーを一九六〇年と二〇二〇年で比較すると、コメは一一〇五キロカロリーから四七五キロカロリーに減った。一方、小麦は二五〇キロカロリーから三〇〇キロカロリーに増えている。

パン消費がここまで伸びたきっかけは、米国が戦後間もなく小麦の過剰在庫のはけ口として、日本に食糧援助の名目で多量の小麦を受け入れさせたことだった。

食糧難に陥っていた日本は、小麦六〇万トン、大麦一一万六〇〇〇トン、総額五〇〇〇万ドルにもなる農産物を受け入れた。

厚生労働省は、この小麦をパンにして学校給食にミルクとともに提供すると同時に、パンを主体とした粉食を広める「栄養改善運動」を展開していった。そして、粉食の奨励と対をなす形で米食の批判が起こる。米食を続けると脳の働きが悪くなるとする極論「米食低能論」まで飛び出した。

こうして、欧米型の食生活が定着していき、代わりにコメの消費が落ちる流れができる。日本人が摂取するカロリーの源はコメから小麦へと徐々に移り変わってきた。

†国策で米価をつり上げ需要減が加速

コロナ禍の初期に外食需要が一気に冷え込んだ際、農林水産省は主食用米の需要量の減少幅が従来の年間約八万トンから約一〇万トンに広がると説明していた。では、外食需要が元に戻りつつある二〇二三年産は減少幅が小さくなるかというと、そうなっていない。二〇二二年産に比べ一一万〜一七万トン需要が減るとの見通しを、農林水産省は二〇二二年一〇月に公表している。事態はむしろ悪化しているのだ。

農林水産省は「最近は人口減少等を背景に年一〇万トン程度に減少幅が拡大」していると説

図表1-8-2　米の販売価格の推移

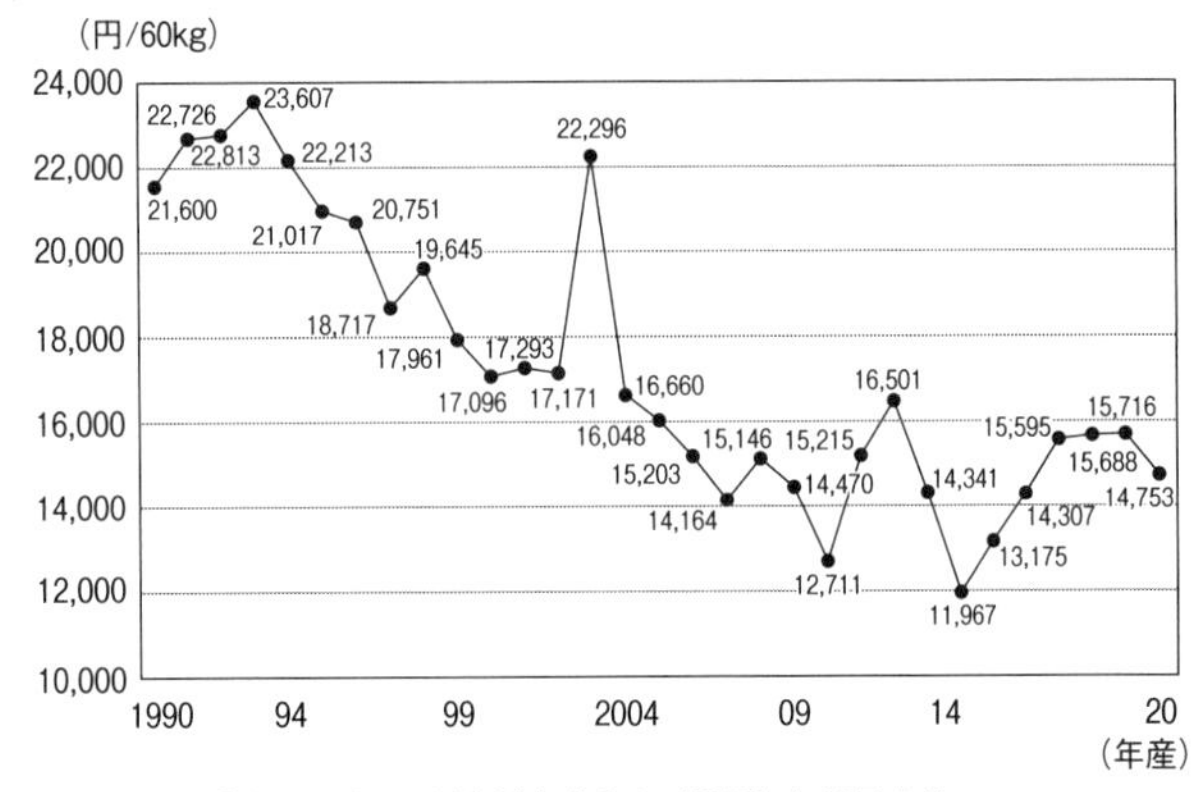

農林水産省「米をめぐる関係資料」令和4（2022）年10月より
（財）全国米穀取引・価格形成センター入札結果、農林水産省「米穀の取引に関する報告」
1990〜2005年産までは（財）全国米穀取引・価格形成センター入札結果を元に作成。
2006年産以降は出回り〜翌年10月（2020年産は2021年6月）までの相対取引価格の平均値。
センター価格は、銘柄ごとの落札数量で加重平均した価格であり、相対取引価格は、銘柄ごとの前年産検査数量ウエイトで加重平均した価格である。

明する。人口減少以外の理由として挙げるのは、食の多様化によるコメ離れ、そして米価の上昇だ。

後者について見ていこう。一九九〇年以降の米価の推移を見ると、基本的に下落基調にある（図表1-8-2）。ところが、二〇一四年に底を打ち、上昇に転じた後、二〇一九年まで高止まりしていた。

需要が減っているのに価格が上がるという一見矛盾した事態が起きたのは、生産調整、いわゆる減反で生産量を抑えたからだ。

事業者同士が互いの利益を守るために販売価格や生産数量を取り決める「カルテル」は、独占禁止法での禁止行為に当たる。減反政策は、まさに国家的なカルテルと言える。その目的は、米価を高く維持することで政権与党が農家票を獲得することだ。

二〇一八年に「減反廃止」が実現したとメディアで騒がれたが、完全なミスリードだった。農林水産省から都道府県に生産を抑制する面積の配分をやめただけで、転作に対する補助金や助成金の交付は相変わらず続いている。

こうして政治的に作り出された高米価が、消費をより冷え込ませてしまった。このことは、農林水産省も認めている。

このままの勢いでコメの需要が減れば、将来はどうなるのか。農林水産省は、二〇二二年一二月に二〇四〇年度の将来予想を明かした。

それによると、主食用米の需要量は、二〇二〇年度の七〇四万トンより三割少ない四九三万トンまで落ち込む。二〇二〇年時点で二二五万ヘクタールある水田面積は、二〇四〇年度に二〇三万ヘクタールに縮小する（図表1－8－3）。そのうち、主食用米の需要量を満たすのに必要な面積は、半分以下の九六万ヘクタールに過ぎない。

図表1－8－3　主食用米の作付け面積

	2000年度（実績）	2020年度（実績）	2040年度（試算）
需要量	912万トン	704万トン	493万トン
作付面積	173万ha	137万ha	96万ha
	⇕76万ha	⇕88万ha	⇕107万ha
水田面積	249万ha	225万ha	203万ha

農林水産省「食料・農業・農村をめぐる情勢の変化（需要に応じた生産）」令和4（2022）年12月

農林水産省は、食糧安全保障の観点から農地を維持する必要がある一方で、水田は余っていると指摘。「このギャップを解消するためには水田（水稲作）を、需要を満たしてない畑地（麦・大豆等）等に転換していくことが必要ではないか」としている。

では、畑地への転換を促す手段は何かというと、転作を助成する「水田活用の直接支払交付金」だ。交付額は増え続けており、二〇一九年度に二九三八億円に達した。

これに対して不満を表明しているのが、財務省だ。二〇三九年には金額が三九〇四億円まで膨れ上がると推計している。農林水産省関連の予算案の査定と作成を担う主計官が、二〇二一年四月に開かれた歳出の改革を議論する「歳出改革部会」で象徴的な発言をした。「今後、人口減少は確かに避けられない」としたうえで、こう続けたのだ。

「現行スキームに頼った生産抑制を続けるのみということでは、財政面でも持続可能ではないと思われますが、米・農業自体の持続的な発展も望めないのではないかと考えます」

生産調整によって、水田農業の交付金への依存度を高めたことは、財政の健全さと農業の競争力を両方とも損なってきた。いまや稲作は大規模経営ほど、交付金への依存度が高い。減反政策は、進むも地獄退くも地獄という隘路にさしかかっている。

9　単身世帯の急増で伸びる加工・業務用

人口が減る以上、農業が生み出す価値が減っていくのは避けられないのだろうか。答えは、否である。

ここ三〇年ほどの農業産出額の推移を振り返ると、二〇一〇年ごろまで減少基調にあった。主因は、人口減少に伴う消費減や、食生活の多様化に国産農産物が対応しきれなかったことだ。ところが、右肩下がりを続けていたのが二〇一〇年ごろに底を打ち、若干持ち直す傾向にある。コメが産出額を大きく減じる一方で、野菜や果実が産出額を維持し、畜産は逆に増やしている。

これまでの節でみてきたように、農業就業人口も農地の面積も減り続けている。そうではあるが、農業が生み出す付加価値はかえって高まってきた。国産農産物への需要の持ち直しや、農業の生産性向上などがそれに貢献している。

なかでも需要の拡大が著しいのが、加工・業務用だ。二〇一五（平成二七）年時点で、国内での飲食料の最終消費額八三・八兆円のうち、加工品が五〇・五％、外食が三二・六％を占める。つまり、加工・業務用で八三・一％を占めている（図表1－9－1）。

一九八〇年と比較すると、生鮮品等の消費額は約一四兆円で変わっておらず、加工品と外食が急成長を遂げてきた。その結果、足しておよそ七割だった加工・業務用がいまや八割を超えている。

「単身化」は農業の付加価値を高めるチャンス

加工・業務用の需要は今後も伸び続ける。要因の一つは、人口減少の進展で、単身世帯が増えること。単身世帯は、二人以上の世帯に比べて調理食品への支出割合が高い。

国立社会保障・人口問題研究所は、二〇四〇年に単身世帯が三九・三％に達し、世帯の類型のなかで最大になると推計している。

単位：10億円

	15	増減（%）15年 /10年
204	83,846	10.0
675	14,141	11.6
408	42,346	10.3
121	27,359	8.9
0.0	100.0	0.0
6.6	16.9	0.3
0.4	50.5	0.1
3.0	32.6	△0.4

離別や死別を含む独身や一人暮らしが著しく多い。そんな単身世帯が多い社会において、食品の需要は、生鮮品からより付加価値の高い加工・業務用に移っていく。そうであれば、人口に比例して食べる量が減っても、食に支出する額は逆に増やせる。

単身世帯の増加に生産現場が対応し、加工・業務用の需要を取り込む。これができれば、農業には大きな成長の余地があるのだ。

図表1-9-1　飲食料の最終消費額の推移

区分		1980	85	90	95	2000	05
実数	合計	49.191	61,652	72,123	82,456	80,611	78,37
	生鮮品等	14,045	15,452	16,977	16,480	14,095	13,58
	加工品	21,443	28,387	33,786	39,213	39,668	39,14
	外食	13,703	17,813	21,360	26,763	26,848	25,64
構成比（%）	合計	100.0	100.0	100.0	100.0	100.0	100.
	生鮮品等	28.6	25.1	23.5	20.0	17.5	17.
	加工品	43.6	46.0	46.8	47.6	49.2	49.
	外食	27.9	28.9	29.6	32.5	33.3	32.

農林水産省「平成27年（2015年）農林漁業及び関連産業を中心とした産業連関表（飲食費のフローを含む。」
総務省等10府省庁「産業連関表」を基に農林水産省で推計。
構成比の増減はポイント差である。
平成23年以前については、最新の「平成27年産業連関表」の概念等に合わせて再推計した値である。

なかでも過去一〇年に最も成長したのが、中食（惣菜）である（図表1-9-2）。その市場規模は一〇兆円を超えていて、その成長率は外食や家庭内食を上回る。これだけ伸びている需要を放っておく手はない。

ところが現実には、国内の産地の多くは生鮮食品の需要には応えられても、加工・業務用には対応できていない。生産や流通の仕方を、需要の変化に応じて更新できていないのだ。

とくに野菜は、家庭内食用の生鮮流通だと九七%が国産なのに、加工・業務用は六八%に過ぎない。

「これからまだまだ伸びる惣菜では、国産ではなく輸入した冷凍品がかなり使われています」

図表1－9－2　食市場　推移（2011年比）

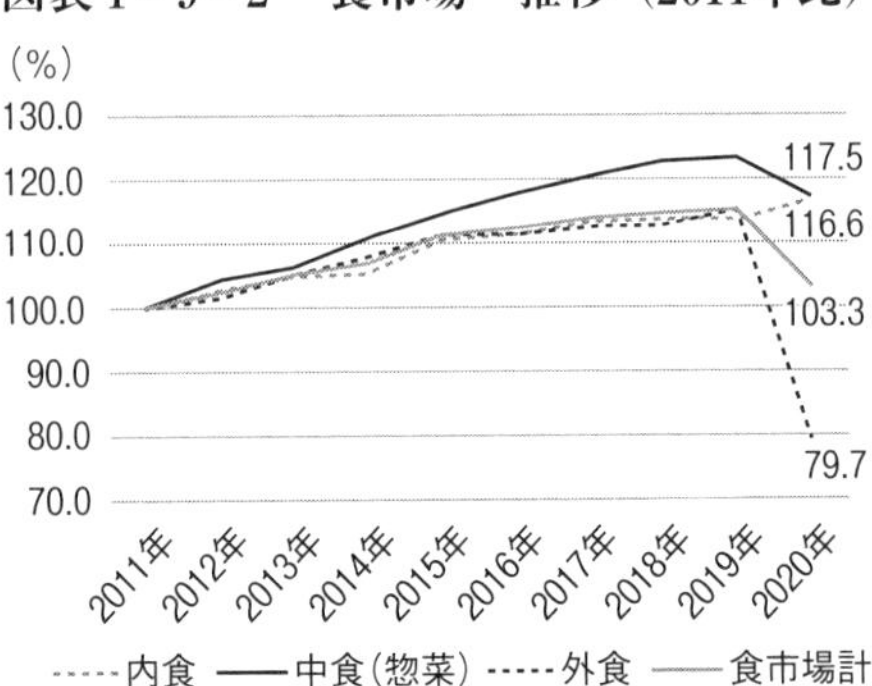

日本惣菜協会「惣菜白書2022年版」

こう話すのは、青果卸・株式会社彩喜（埼玉県川口市）の代表取締役社長（現会長）である木村幸雄さん。青果物の流通に四〇年以上携わり、野菜流通カット協議会という業界団体の会長を務める。加工・業務用野菜を国産化する動きの旗振り役だ。

一例として挙げるのが、サツマイモの天ぷら。スーパーの惣菜コーナーを訪れると、必ずと言っていいほど目にする。その原料の多くが輸入された冷凍品だという。

「中国産のサツマイモを現地でスライスして凍らせ、それを輸入して使うことが珍しくありません」（木村さん）

冷凍品は、生鮮に比べて劣化の心配が少なく、年間を通じて安定的に調達できるため、加工・業務用の原料として好まれる。木村さんは、原料の国産化を考えるうえでのキーワードは冷凍だと断言する。

「冷凍食材の需要は、これからまだまだ格段に伸びる。消費者向けと業務用に分けた形で、生鮮と冷凍の供給を同時並行で進めていくべき」

コロナ禍による物流の混乱、円安、不景気……。こうした近年の不安要素は、実は国産の需要を伸ばすうえでの追い風になっている。その風を捉えて飛翔できるかどうか。農業の成長可能性はそこに懸かっている。

10 食い込むべきは世界の食品市場

人口減少を要因として国内の食品市場がしぼみ続けるだろう日本にとって、農業が成長する活路を輸出に求めるという方向は間違っていない。

農林水産省が二〇一九年三月に公表した「世界の飲食料市場規模の推計」によれば、国内における飲食料の市場規模は、人口減と高齢化の進展で「減少する見込み」だ。国内の食料支出の総額は二〇一〇年を一〇〇とすると、二〇三〇年には九七になると予測している。その後も人口減は続く見込みであることから、この数字はさらに減っていくに違いない。

一方、世界を見渡すと、人口の増加と食生活の変化により食料の需要は「増加する見込み」である。

まず、世界の人口は二〇一〇年に六九億人だった。ところが二〇二二年一一月には八〇億人を突破した。国連の推計では、二〇三〇年には八五億人にまで達する。

農林水産省による先ほどの推計によれば、飲食料の市場規模も、二〇一五年に八九〇兆円だったのが、二〇三〇年には一三六〇兆円と、一・五倍になるとの予測である（図表1－10－1）。

地域別にみると、著しい成長が見込まれるのは一人当たりＧＤＰの伸びが大きいアジアで、同期間中に四二〇兆円から八〇〇兆円と一・九倍に拡大する。急成長する海外市場に参入できれば、国内農業を大きく成長させることも夢ではない。

輸出は、食糧安全保障の観点からも重要といえる。輸出により販路を確保できれば、非常時に国民を食べさせるだけの農地を維持しやすくなるからだ。

図表1-10-1　世界の飲食料市場規模は2030年に1360兆円と約1.5倍に成長

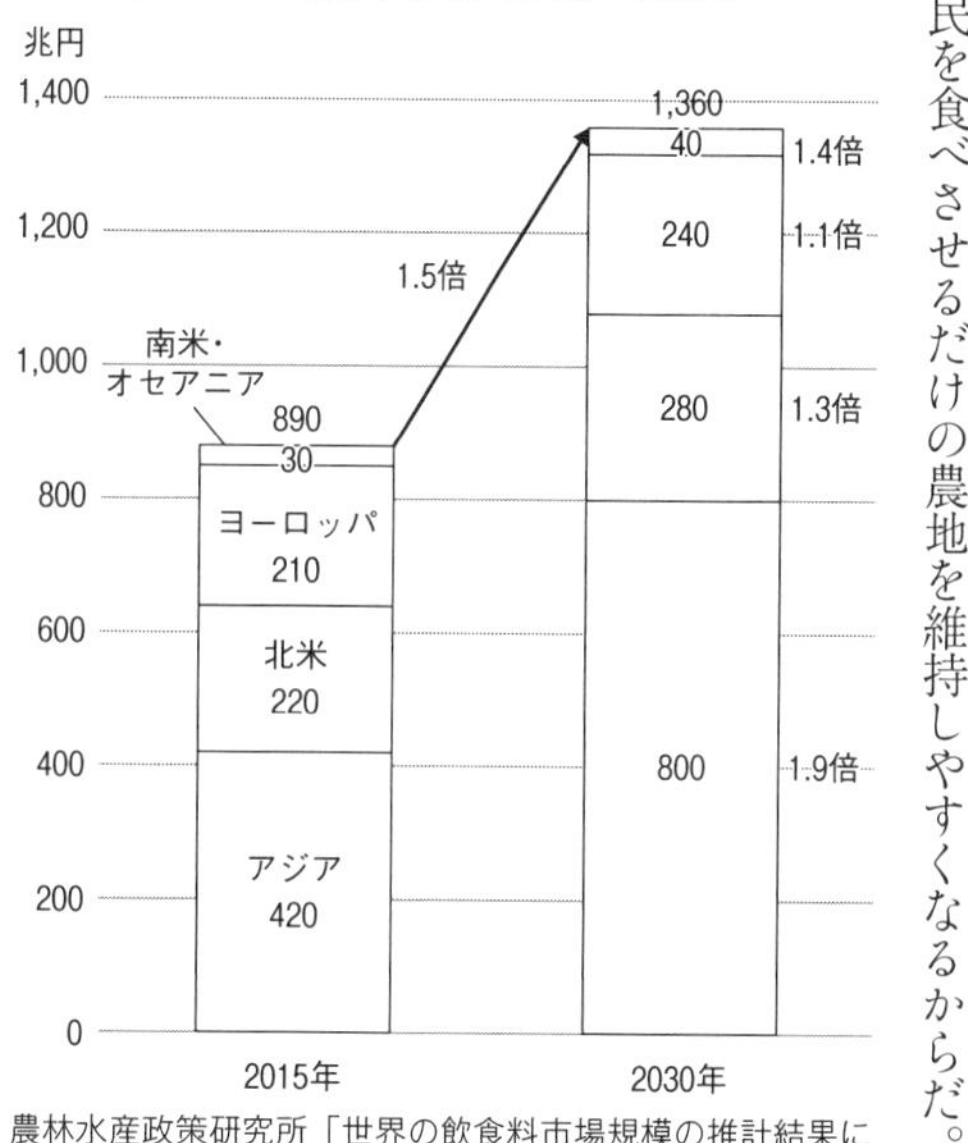

農林水産政策研究所「世界の飲食料市場規模の推計結果について」（2019年3月29日）

†あきれる輸出実績の中身

だから、輸出を促進することは意義があることだ。だが、そのための政策はあきれるばかりだ。

農林水産省は二〇二二年二月、二〇二一年の農林水産物・食品の輸出額が、かねてからの目標である一兆円を突破したと発表した。具体的には前年比二五・六％増の一兆二三八五億円に達したという。

ところが、その実態をつぶさにみると、「これが日本の農林水産物・食品なのか」と言いたくなるような品目が並ぶ。チョコレートやココア、コーヒーなどだ。輸出額の四割を占めるのが、こうした加工食品。その多くは原料が輸入品である。これで、どうして、輸出が拡大しているということで素直に喜べるだろうか。

農林水産省は次なる目標として、二〇二五年までに二兆円、二〇三〇年までに五兆円という数字を掲げる。ただし、先のような統計がなされている限り、これらの金額目標に意味があるのかどうか、はなはだ疑問である。

さらに、農林水産省はこれまで、「農業の礎」ともいえる種苗が海外に無断で流出するのを黙認してきた。流出した種苗は海外で作られ、日本を超える産地を形成して、輸出品目となっているものすらある。それは、日本にとって輸出機会の喪失につながるだけではなく、もし日本が輸入することがあれば国内産地にとっての影響は無視できない。この問題は第六章で詳述したい。

第二章

危機にある物流

産地にとって、目下の大きな悩みは物流だ。

物流業者は、燃料費の高騰に加え、ドライバーの時間外労働時間が年間九六〇時間以内に制限される「二〇二四年問題」に直面している。つまり、いまの物流体制では二〇二四年から、大消費地に質と量の両面で従来のようには農産物を送り届けられなくなるのだ。

さらには人口減少とともに鉄道の利用者が減り、過疎地を走る路線の廃線が相次いでいる。その影響で、一次産品を運んでいる貨物列車も従来通りの運行が危ぶまれている。

とくに、強いあせりを感じているのは、大消費地から遠い九州と沖縄、北海道である。これらの産地はいまどのような事態に直面し、それをどう打開しようとしているのか。本章で取り上げていきたい。

1　積載率を高める保管施設

†コールドチェーンに配慮

「なかは寒いですよ」。大分青果センター長・須股慶一（すまたけいいち）さんの案内で施設に入ると、いきなり予冷庫だった。

壁にある温度計を見ると、「八・八度」の表示。隣には室温を約三度に保っている別の部屋がある。どちらの部屋に入庫するかは、品目によって決めているとのこと。

入庫口と出庫口は、トラックが後部の扉を空けたまま荷台を密接できる「ドックシェルター方式」を採用している。外気が入るのを防ぐことで、予冷庫の室温だけでなく、青果物の品温の変化を抑えるためだ（写真1）。

この大分青果センターは、農産物を生産してから在庫管理して、配送や販売、消費に至るまでの一連の流れを適切な低温度帯に保つ「コールドチェーン」に配慮している。

†運賃の値上げを防ぐ代替策

ＪＡ全農おおいたが四八〇〇億円の施工費をかけて、二〇一九年に同センターの開設に踏み切ったのは、物流業者から運賃の値上げを迫られたためだ。「センターを建てる五、六年前から、運賃を一五％から二〇％は上げてほしいと言われ続けてきました」（須股さん）。

写真１　大分青果センターが採用したドックシェルター方式

背景にあるのは、全国的なドライバー不足。賃金の安さを要因として、ドライバーの人数が減っている。ドライバーを減らさない、あるいは増やすようにするには、賃金の原資を確保しなければならない。

ただ、ＪＡ全農おおいたにとっての運賃の値上げは、そのまま農家の手取りに響きかねない。

代替策として物流業者に約束したのが、保管機能を高めた物流拠点「ストックポイント（ＳＰ）」の開設であり、それによって実現できる積載率の向上だった。

同センターを開設する以前、県内にある地域のＪＡ

の荷物は、大分市にある物流業者の倉庫で集荷と分荷をしていた。

ただ、保管施設が狭いうえに、冷蔵施設が備わっていない。多くの農産物は、常温のまま置いておくと、劣化が早まる。

それをなるべく抑えるため、当時は入庫から出庫までの時間を短くすることを最も重視していた。そのため、積載率が低くても、物流業者に無理を言って輸送してもらっていたのだ。

須股さんは「一〇トン車であれば最大で一六パレットが入る。それが、端境期の荷物がないときには、三、四パレットだけでも運んでもらっていました」と振り返る。

十二時間以上の予冷で品質の劣化を防ぐ

積載率を上げるには、大きな保管施設が必要になる。そこで、建てることにしたのが、JA全農にとっては九州地方で初のSPとなる同センターだった。

ただ、ここで別の問題が生じる。荷物が一定量以上集まるのを待つ必要が生じたので、入庫から出庫までの時間が余計にかかることになる。

そこで、用意したのが予冷庫。事前に冷やすことで、低温状態で輸送できるようにした。狙ったのは、品質の保持である（写真2）。

県産業科学技術センターとの共同研究では、トラックの庫内を低温にしても、段ボールが断熱材となって、青果物を品質を保てるほどの低温にはできないことが分かった。一方で、あらかじめ低温で一二時間以上冷やせば、輸送中に品質が損なわれるのを防げることも確かめた。

大分県内のＪＡにとって、主な出荷先は関西地方である。予冷庫を整えたことで、以前の「二日目販売」から「三日目販売」に切り替えることができた。

写真２　予冷庫

「二日目」や「三日目」が意味するところは、地域のＪＡが集荷してから卸売市場で取引が成立するまでの日数である。つまりは、市場で取引されるまでに一日余計にかかるようになったわけだが、予冷することで、逆に品質の劣化は以前よりも防げているという。

須股さんは打ち明ける。

「わかりやすいのはゴーヤ。少し黄色くなったゴーヤを常温で輸送すると、市場に到着した時に爆発していることがごくまれにですが、ありました。いまはそんな問題はまったくありません」

同センターの開設で積載率が上がったことで、今のところ、運賃は値上げされずに済んでいる。

さらに、「三日目販売」に切り替えられたことで、集荷した青果物の品目と数量を卸売市場には一日早く伝えられるようになった。これが有利販売につながっている。
「一日分の時間の余裕が生まれたことで、卸売業者が売り先を見つけやすくなった。そのおかげで新たな契約先が出てきている」（須股さん）
同センターでの取扱高の目標はJA全農おおいたの取扱の実績数量の三五％に相当する一万六六三五トン。実績は二〇一九年度が一万一二七五トン、二〇二〇年度が一万四七三二トン、二〇二一年度が一万六二七四トンと伸びている。二〇二二年度は一万六八〇〇トンの見込みだ。

課題は販売管理システムの統一化

ただ、JA全農おおいたが同センターを開設したことで、物流の問題が解決したかといえば、決してそんなことはない。

たとえば、地域のJAごとに販売管理システムが異なっており、いまだに紙を媒体にしているところもある。その場合には、ファクスで集荷情報が届くので、センターの職員がそれを基にパソコンで入力する手間が生じる。

また、箱の規格がJAごとに異なっている。サイズが異なる箱を積載すると、トラックの庫内で荷崩れをする恐れがある。それを防ぐため、規格は統一する必要がある。今後、一部の品目で同一の規格を導入することを検討している。

†ドライバーの時間外労働時間の上限が年九六〇時間に

ただ、そうしたことよりも大きな問題が三年後に迫っている。二〇一八年に成立した「働き方改革を推進するための関係法律の整備に関する法律（働き方改革関連法）」が物流業界に適用される「二〇二四年問題」だ。

第一章で説明したとおり、労働基準法の改正により、物流業界では同年四月一日以降、年間の時間外労働時間の上限が九六〇時間に規制される。月平均八〇時間が上限となる。もちろんドライバーも対象。物流業者は違反すれば、「六カ月以下の懲役」または「三〇万円以下の罰金」が課せられる。

「現状の物流体制では二〇二四年にはほぼアウト」。須股さんは、「二〇二四年問題」の深刻さをこう打ち明ける。

ＪＡグループ大分にとって、この事態で何より困るのは、現状の物流体制では最大の消費地である関西地方で「三日目販売」ができなくなることだ。

すでに紹介したとおり、ＪＡ全農おおいたは、県内の全四ＪＡが農家から集荷した青果物を、「大分青果センター」に入庫し、一二時間以上かけて冷やし込む。

さらに、トラックに積んで関西地方の卸売市場で売買取引が成立するまで、三日間で済むような物流の体制を構築している。この「三日目販売」が二〇二四年四月一日には成り立たなくなる。その理由を説明したい。

†現状では二〇二四年以降の「四日目販売」を避けられず

長距離ドライバーが大分青果センターから荷物を運び出すのは、午前一〇時から正午にかけて。問題なのは、ドライバーにとってはこの時が始業ではないということだ。

大分県は、初夏から秋にかけて出荷する「夏秋野菜」の産地。この時期には、ドライバーが佐賀県や熊本県から加勢に来る（写真3）。ドライバーは同センターに到着した時点で、すでに二〜三時間は走っている。このため、一日目に到達できるのは「せいぜい山口県まで」（須股さん）。

卸売市場での取引形態の大半は、もはや多くの人が想像しているようなセリではなく、事前に価格や量、決算方法を決めておく相対取引が占める。仲卸や買参人が産地からの荷物を受け取る時間の限界は、「日付が変わる前後」（須股さん）。

卸先が一カ所だけなら、この時間帯に間に合う。ただ、実際には二、三カ所になることがほとんど。

「荷物を卸すのに、待ち時間を含めて、一カ所当たり一〜数時間かかるのはざらである。そうなると、二、三カ所目は荷渡しができず、翌日に持ち越しになる」（須股さん）。つまり、現状の仕組みでは「四日目販売」になってしまうのだ。

青果物は、大分青果センターで一二時間以上かけて予冷しているものの、四日目までその品質を保てるかといえば、須股さんは「正直分からない」と打ち明ける。

†「モーダルシフト」や卸先を絞ることを検討

写真3　佐賀や熊本のドライバーが集荷に来ている

では、JA全農おおいたは「二〇二四年問題」をどうやって乗り越えようというのか。

須股さんが最初に口にしたのは、一台のトラックに乗車するドライバーを現状の一人から二人に増やしてもらうこと。ただ、これは単純に運賃の大幅な値上がりを招く。そもそも、全国的にドライバーが不足している中、「やはり現実的ではない」と訂正した。

続いて挙げたのは、輸送手段を陸上輸送から別の手段に変更する「モーダルシフト」。大分青果センターの近くだと、別府港と西大分港から関西地方に出航するフェリーがある。それぞれ大阪南港と神戸六甲港に向かう。

実際に、JA全農おおいたは庫内を低温状態に保てる「冷蔵ウィングトレーラー」を三台購入（写真4）。ドライバーは乗船せずに、トレーラーだけを海上輸送することも始める。パレットの積載枚数は一〇トン車が一六枚なのに対し、トレーラーは二二枚と積載量が多くなるのは利点だ。

写真4　冷蔵ウィングトレーラー

ただ、海上輸送の場合は陸上輸送よりも時間がかかり、これまた「四日目販売」となってしまう。「三日目販売」に間に合わせるには、現状では予冷する時間を減らすしかない。ただ、それで品質が保てるかどうかは、品目別にあらためて検討する必要が生じる。

須股さんがもう一つ挙げたのは、関西地方での卸先を毎回一カ所に絞ることだ。

ただ、大分青果センターに産地から集まって来る荷物をすべては売り切れなくなる恐れがある。関西地方に代わって近隣の卸売市場に卸せば、値崩れを起こすだけ。こちらも「現実的ではない」(須股さん)。

つまり、JA全農おおいたでは、「二〇二四年問題」への対策としていくつかの案が浮かんでいるものの、決定打がないのが正直なところである。

JA全農おおいたは「二〇二四年問題」の打開に向けて、JAグループ大分や物流業者などと協議するという。

2 「あまおう」は関東圏に届くのか

JA全農ふくれん(福岡市)が二〇二〇年に入ってから、県産青果物の関東向けの物流を合理化するため、県北六JAとイチゴとブロッコリーを共同で輸送する実験をした。背景にあるのは、こちらも「二〇二四年問題」。イチゴのブランド「あまおう」をこれからも消費地に無事に届けることができるのか。そのための課題がみえてきた。

福岡県内の各JAは運送業者に関東地方への輸送にかかる所要時間を二四時間以内と要望してきた。理由は、JA全農おおいたと同じく「三日目販売」に間に合わせるためだ。

ＪＡ全農ふくれんにとって「三日目販売」とは、地域のＪＡが集荷してから三日目までに関東地方で荷渡しする、という意味である。

目的は、品質を保持するため。「とちおとめ」を主力品種にする栃木県をはじめ、関東地方の産地に競り負けないためには欠かせない条件だ。ただ、二〇二四年四月一日以降、現状の物流体制では「三日目販売」ができなくなる可能性が高い。

そこで、二〇二〇年一一月から直方市で稼働を始めたのが、集荷と品質管理、荷さばきを一括して請け負う「福岡県北地区広域販売センター」だ（写真5）。特徴は、コールドチェーンの構築に向けて予冷施設を整えたこと。

写真５　福岡県北地区広域販売センター

あらかじめ青果物を芯まで冷やすことで、「四日目販売」となっても品質が保てるようにする。

開設後、県北六ＪＡを対象に、主にイチゴとブロッコリーの集荷を始めた。イチゴとブロッコリーの選果と梱包をするパッケージセンターの機能も備えている。

県北地区広域販売センター場長の黒瀬克之さんは、品質を維持するためにもう一つすべきことがある、と説明する。

「輸送先を減らすことですね。現状は三カ所以上に卸しているけど、市場に入るのに待たされたり卸したりするのに時間がかかっている。二〇二四年四月一日以降は三カ所以上は『三日目販売』に間に合わなくなるので、二カ所までに絞らないといけなくなる」

続いて、量について説明したい。県内のJAは、これまで関東地方向けには個別に輸送してきた。ただ、全国的にドライバーの減少は止まっていない。「二〇二四年問題」が拍車をかければ、「運賃が安い青果物を運んでくれる物流業者が減っていくかもしれない。使えるトラックが少なくなることを前提にした物流体制を急いでつくらなければならない」（JA全農ふくれん）

†輸送先を減らす必要

そこで、JA全農ふくれんは、同センターを拠点に共同輸送の実験を行った。物流業者に委託して各JAを回り、同センターにイチゴとブロッコリーを集荷し、イチゴとブロッコリーの段ボール箱を低温貯蔵庫で保管。さらに、発泡スチロールの箱にブロッコリーを氷詰めにした後、別の低温貯蔵庫で保管する。一〇トントラックを一カ月間貸し切って、予冷後は関東地方

写真６　パレットに段ボールをあらかじめ載せている

に共同輸送した。

難点として、各ＪＡを集荷に回るだけ余計な時間を要することがあった。

そこで、試したのが、パレットでの輸送。従来は、段ボール箱を一つずつ積み込む「バラ積み」が一般的だった。代わりに、各ＪＡでパレットに段ボールをあらかじめ載せておくことで、荷物を積んだり卸したりすることに人手をかけずに済むようにした（写真６）。

黒瀬さんは、「一般に積むのも卸すのも作業にかかる時間は、パレットがバラの六分の一で済むといわれている。今回試してみて、おおよその程度の短縮になることが分かった」と評価する。

†課題は物流費の増加

一方、課題として生じたのは、物流経費が以前よりかさんだことだ。今回利用したパレットのレンタル料のほか、物流業者の拠点間で商品を輸送する「横持ち」の費用がかかりましとなった。黒瀬さんによると、レンタルパレットは一回借りるのに一枚当たり五〇〇〜六〇〇円する。さらに各JAを集荷に回る運賃もあらたに発生した。結果的に物流経費は従来と比べてブロッコリーで三割強、イチゴで二割弱増えてしまった。

これは、従来の物流体制が合理的であったことの証左でもある。それを別の形に組み替えるので、物流費が上がるのは仕方ないのかもしれない。黒瀬さんは「少しでも下げるためには積載率を上げるしかない」と説明する。

というのも、一カ月に及んだ今回の実験で、積載率の平均は六割程度だった。もとより厚みのあるパレットを重ねるので、満杯にしても八割が限界だという。このため、黒瀬さんは「その差の二割を埋めるには今回対象にした県北六JAの集荷率を上げるか、近隣のJAにも協力を呼び掛ける必要がある」とみている。

JAグループ福岡では、県内を四つの地区に分けて物流体制の再構築に取り組み始めたところだ。なかでも先駆的なのが今回の県北地区である。

今後は、ほかの地区とも協調しながら、積載率を上げる試みを検討していくという。

✝北海道新幹線の延伸で貨物は走れなくなる⁉

物流環境の悪化は、日本の食料基地・北海道にとっても大きな懸念材料だ。北海道が道外向けに移出する農畜産物は年間三五〇万トンに及ぶ。つまり、毎日一トン近い食料が送り出されている。

この食料王国が物流について危惧する一つが「青函共用走行問題」。北海道新幹線の新青森－新函館北斗間の約一四九キロのうち、青函トンネルとその前後を合わせた約八二キロメートルは、新幹線と在来線が共用して走行する区間。この区間で両者がすれ違う際に懸念される安全上の問題を指す。

ＪＲの計画では、北海道新幹線は二〇三〇年度末までに終着駅が現在の「新函館北斗駅」から「札幌駅」にまで延伸される。

現在の最高速度は時速一六〇キロ。それが二〇三〇年には二六〇キロになる見込みだ。

もし青函トンネル内を二六〇キロで走れば、すれ違う際の風圧で貨物列車のコンテナが揺れたり変形したりする危険が指摘されている。

現在、貨物列車は一日四〇本以上が往来しており、年間で八〇万トン以上の農畜産物を道外に輸送している。

新幹線が延伸された時、青函トンネル内でそれとすれ違うのを避けるには、貨物列車のダイヤや走行時間帯の変更や制約が余儀なくされる。

それは簡単なことではない。なにしろ貨物列車の駅での到着時間を踏まえて、その後のトラック便をはじめとする物流が組まれている。

到着時間が変わることはすなわち、需要に応じた輸送ができなくなる事態を生じさせる。

3 北海道新幹線延伸に伴う「並行在来線問題」

北海道新幹線が札幌駅まで延伸されるのに伴って、発生するもう一つの難題がある。並行在来線の区間である函館線（函館駅－小樽駅）の存廃を決める「並行在来線問題」だ。

もし廃線になれば、貨物列車も走行できなくなる。すなわち、農畜産物の輸送手段を別に考えなければならない。

これは、北海道だけの問題だけではなく、全国の並行在来線にも影響する。多くの並行在来線は貨物列車の走行による線路使用料が発生している。その収入があるから、運営できているのだ。

もし、北海道からの貨物列車がなくなってしまうと、東北地方の並行在来線も収入が激減して、経営が成り立たなくなりうる。

†JR北海道の経営問題

北海道の貨物輸送が抱える問題はこれだけではない。

JR北海道は、二〇一六年一一月に、「当社単独では維持することが困難な線区について」を公表した。このうち、貨物列車が走行している線区は根室線と石北線、室蘭線である。根室線では富良野地域から、石北線ではオホーツク地域から、農畜産物を運んでいる。室蘭線には、旭川や帯広から関東・関西への直行列車が通過する。

三線区を通過する物量は青函トンネル経由で道外へ輸送する物量の三分の一にも及ぶ。いわば、農産物の物流の要である。

†ドライバー不足のトラック輸送に偏るという悪い流れ

一連の問題が解決せずに、貨物列車が走行できなくなれば、フェリーやRORO(ローロー)船(荷物を積んだトラックや荷台ごと輸送する船舶のこと)を介したトラック輸送に偏重せざるを得ない。

そうなると厄介だ。いままでは農畜産物の集出荷施設から近場の鉄道貨物駅に運ぶだけでよかったのが、今度は、より遠くにある港湾まで向かわなければならない。

ただでさえドライバーは足りないのに、これから、さらに、この傾向に拍車がかかるのは触れた通りだ。

これまた繰り返しになるが、二〇二四年から物流業者にも年間九六〇時間の残業規制が設けられる。こうなると、北海道の農畜産物を輸送するにも、値段が上がるのは必至だ。あるいは、遠方まで運べなくなる可能性も生じてくる。

これは、北海道だけの問題ではない。道産の農産物を消費している都府県までのサプライチェーンの再構築に加えて、荷物が入らなくなる品目についていかに近場で調達していくのかといったことも、検討する必要が出てくる。食料王国における物流危機がもたらす影響はあまりに大きい。

†JAグループ北海道による「一貫パレチゼーション輸送」とは

では、生産した農畜産物と加工品の四五%を都府県に輸送する北の大地はどんな打開策を取っているのか。JAグループ北海道がその一つとして注力する、パレットに荷物を積んで保管や輸送、荷下ろしをする「一貫パレチゼーション輸送」の現状と課題を紹介する。

北海道から道外に輸送される農畜産物は年間三五〇万トンに及ぶ。このうち二六〇万トンがホクレンの扱いだ。ホクレンとは、北海道の農畜産物や農業関連資材の購買や販売といった経済事業を担うJAグループの組織である。

その輸送形態は、多い順にトラックが一三〇万トン、JR貨物が八〇万トン、船便が五〇万トンとなっている。北海道では、府県よりも、トラックによる幹線貨物輸送から海運や鉄道の輸送に切り替える「モーダルシフト」が進んでいるのが特徴だ。

それでも、トラックの利用が最も高い。ゆえに、ホクレンが懸念するのもまたドライバー不足だ。

鉄道貨物協会が二〇一四年五月に公表した「大型トラックドライバー需給の中・長期見通しに関する研究調査」によると、二〇三〇年度は二〇二〇年度と比べてトラックドライバーが一八％減少する。ホクレンは、これよりも少し多い二〇％減になると見込んで、対策を打ち出してきた。

†野菜の取扱量のうち約三割でレンタルパレットを利用

対策の一つが、パレットに荷物を積み付けて保管や輸送、荷下ろしをする「一貫パレチゼーション輸送」だ。二〇一五年から道内のJAに普及している。

それまでは、野菜や果物を運ぶのに、段ボール箱に入れた状態のまま荷積みや荷下ろしをするのが一般的だった。これは、人手と時間を要する。代わりに、産地段階でパレットに段ボールを積んでおけば、フォークリフトでトラックへの積み下ろし、倉庫での保管や移動ができる。

一例を挙げれば、一〇トントラックにタマネギを満載するのに要する時間は人手だけなら二時間半。一方、パレットなら三〇分と五分の一で済む。

ホクレンがその普及に当たって採用したのは、大きさが「一一〇〇ミリ×一一〇〇ミリ」、通称「一一（いちいち）型パレット」。木製とプラスティック製の二種類のレンタル品である。

用途は、いまのところタマネギ、バレイショ、ダイコン、ニンジンなどの重量野菜が中心。野菜の取扱量のうち約三割でレンタルパレットを使うまで広がった。

†段ボール箱の規格統一や貨物輸送など課題多く

一貫パレチゼーション輸送の推進は、荷役にかかる作業の負担や時間の軽減に貢献する一方、新たな課題を生んでいる。その一つは、「一一型パレット」の大きさに合わせた規格の段ボール箱を普及させることだ。

規格において段ボール箱が「一一型パレット」に合わず、積んだ際に枠からはみ出れば、輸送中に段ボールや中身の青果物が破損する恐れが出てくる。対策として、一部の野菜については、「一一型パレット」に合わせた規格の段ボールを普及させている。

ＪＲ貨物のコンテナの規格にパレットの規格が合っていないことも課題だ。「一一型パレット」を入れると、コンテナ内の両側にわずかな隙間が生じる。激しい揺れによって積んでいた荷物が横から落下する恐れがある。

対策として、ラッピング資材で積載物ごとパレットを包装したり、横の空間に緩衝材を入れたりしている。

おまけに、JR貨物からは一コンテナ当たりの積載重量が決められている。パレット一枚の重量は二五～二八キログラム。一つのコンテナにパレットが六枚入るので、その総重量は一五〇～一六八キログラムになる。この分だけ荷物が載せられなくなり、結果的に段ボール一箱当たりの輸送代に跳ね返ってくる。

もう一つの課題は、パレットの回収率を上げることだ。レンタル品なので返さなければならない。ホクレンによると、他産業における回収率は九八～九九％。一方、ホクレンが使い始めたレンタルパレットの回収率は「八七％だったり九五％だったりと年によってまちまち。いずれにしても他産業よりは低い」。

回収率が悪ければ、レンタル料金の値上げやパレットが供給されない事態につながりかねない。ホクレンはJA全農と連携して、卸売市場に返却するよう要請を続けている。

†フレコンの課題は規格を全農に合わせるか

最後に、ホクレンによるコメの輸送について触れたい。

コメの取扱量のうち七割はフレキシブルコンテナ(以下、フレコン)である。JA全農の取扱量のうちフレコンの割合は五割なので、北海道は府県より進んでいるといえる。

今後の課題の一つは、フレコンの規格でJA全農と足並みをそろえるかどうかだ。

ホクレンが推奨してきたフレコンは容量が一〇二〇キログラムなのに対して、JA全農が普及するのは一〇八〇キログラム。独自のフレコンを使えば回収の手間が生じる。

一方、JA全農の規格は産地に関係なく使えるので、回収の手間が省けるホクレンは「JA全農の規格に統一するかどうか早急に検討したい」としている。

4　鮮度を保ったまま大消費地に小ネギを届ける物流とは

物流危機に直面しているのは産地だけではない。JAを通さずに、量販店や個人に直接販売をしている農家や農業法人も同じである。

上原農園株式会社(大分県国東市)は、大分空港のそばに拠点がある立地を生かし、空輸で鮮度を維持したまま関東地方に届けて、量販店から評価を得てきた。ところが新型コロナウイルスの影響で輸送の手段である旅客機が減便し、空輸できる量が大幅に減った。コロナ禍やドライバー不足を乗り越える新たな物流の仕組みづくりについて聞いた。

写真７　上原農園の出荷前のネギ

主力の関東地方へ七割を出荷

大分空港から車で一〇分ほど、川沿いの平場に上原農園の園芸施設や集荷場などが立ち並んでいる。同社は二ヘクタールで小ネギを水耕栽培している。

代表の上原隆生（うえはらたかお）さんが大分県で経営に携わる農場は、ほかに三つある。上原農園で研修を受けた家族や元研修生が経営者である向陽グリーンフーズとアグリビジネス、グリーンファームだ。いずれも小ネギを水耕栽培していることに変わりはない。経営耕地面積はそれぞれ八〇アール、七五アール、四〇アール。

各農場が生産した小ネギは、上原農園が買取販売している。一括で集荷と調製した後、予冷してパレットに載せた状態で輸送業者に渡す。出荷先は北海道から沖縄まで全国に及ぶ。主力の関東地方への出荷量は全体の七割である（写真7）。

関東地方への輸送の手段はこれまで空輸だった。量販店から注文が入るのは毎日午後五時ごろ。翌日の昼の旅客機に載せて、さらにその翌日の朝には関東地方の小売店に並べられていた。

†新型コロナで空輸からトラック便へ

そんな事態が変わったのは、新型コロナウイルスがまん延した二〇二〇年五月ごろから。肝心の輸送の手段である旅客機が減便になったのだ。加えて、旅客機も小型になり、貨物を載せない便が増えた。

結果、空輸できる量は全体の四〜五分の一になった。

主な輸送手段をトラック便にしたことで、一箱当たりの輸送費は一〇〇〜一五〇円上がった。空輸についても、一箱当たり五〇円上がった。上原さんは「年間にして輸送費は七〇〇〇万円から八〇〇〇万円程度増えた」という。

上原農園にとって一箱当たりの輸送費は、いまのところトラック便のほうが空輸よりも一〇〇〜一五〇円ほど高い。だから、空輸に戻していきたい。

その際、気になるのは、空輸の輸送費がコロナ禍が収束に向かった後にどうなるかということ。上原さんは「コロナ前の値段には戻らないだろう」とみている。

トラック便から空輸に戻していっても、以前よりも輸送費がかさむ事態は避けられそうにない。では、その値上げ分をどう吸収するのか。上原さんは量販店と折半する交渉をしている。すでに、一部の量販店とは、合意に達した。

ドライバー不足など物流の環境が悪化する中、運賃が増額する分は生産者や産地の側が持つことが多い。

対して上原農園が取引先と折半できるのは、鮮度を維持したまま、一定以上のロットを届けられる物流の仕組みをつくっているから。

上原さんは、その他の理由として次の三点を挙げる。一つは注文への柔軟な対応にある。「たとえば内容量の変更について要望があれば、二日後には対応する。だから取引先の信頼を得てきた」と上原さん。

もう一つの理由は「原価計算ができているから」。

上原農園では、毎月、各農場の責任者が施設ごとに時間当たりの生産量や出荷先ごとの単価などを計っている。上原さんは「原価を伝えることで、理解が得られる」と話す。

上原さんが三つ目の理由として挙げるのは、取引先にとって永続的な取引が見込めることだ。「うちのグループ会社の経営者は年齢が二〇代から四〇代と若い。取引先には少なくともあと五〇年は小ネギを安定して仕入れられると話している」

†県内の農業法人と「合積み」を模索

物流対策では自社による努力も欠かさない。その一つは、他の農業法人と「合積み」する条件で、輸送業者に貸し切り便を用意してもらうことだ。満載することで、運賃を安くできる。

上原農園が園芸施設や集荷場、予冷庫などをそろえている敷地では、ウーマンメイクという別の農業法人がリーフレタスやホウレンソウを水耕栽培している。上原さんは、すでに同社と合積みを始めている。加えて、大分県内のほかの農業法人に呼び掛けている。

†カットや冷凍の加工品づくりを計画

物流対策を含めて、上原さんが計画していることがもう一つある。カットや冷凍といった加工を小ネギに施し、商品として販売することだ。

加工場については、すでに設計図を描き、補助金を申請するところである。

「カットネギや冷凍ネギの需要はある。でも、大分県内の飲食店では県外産や外国産が使われている。合わせて、これからはドライバー不足が深刻になり、青果物を遠方に運ぶのはますます難しくなる。そのリスクを抑える意味も含めて、代わりに地元で消費してもらう仕組みをつくることが大事」

国東市はネギの産地。加工するのは小ネギだけではなく、長ネギや葉ネギなどあらゆるネギを対象にする。ほかの農家が生産する分も受け入れ、「仲間とともに成長していきたい」と話している。

5 「保管」という物流の新たな価値

　これまで、九州と北海道における物流の課題と、ＪＡグループや農業法人によるその克服に向けた事業を紹介してきた。

　いまあるインフラを見直しながら、物流網を再編成する試みは重要である。それと同時に、物流が持っている価値そのものを問い直す時代に来ているのではないだろうか。

　では、物流の価値とは何か。端的にいえば、それは、時間と空間を越えてモノを移動することにある。ある時期にある土地では生み出せなかったり手に入らなかったりするモノを、別の土地からすぐに、あるいは一定期間保管してから持ってくることで、新たな価値が生まれる。

　これまで、物流会社は、産地から荷物を受け取ったら、できるだけ最速で消費地に届けることを使命としてきた。

　ただ、ドライバー不足の深刻化や物流業界に対する二〇二四年からの残業規制の導入で、今までのような無茶な輸送はできなくなっていく。物流会社には、それに代わる新たな役割が必要になっているのではないか。

　そんな思いを持ったのは、青果物流を専門にする株式会社福岡ソノリクを取材したからだ。

同社は、独自の保管の技術によって、野菜や果物を収穫した直後から鮮度が失われていくのを食い止めることに成功している。長期の保管は物流の世界に何をもたらすのか。佐賀県鳥栖市にある本社を訪ねた。

†長期保管を可能にする「特許冷蔵」と「CA冷蔵」

「これだけ時間が経っても、色つやがあまり変わっていないですよね」

福岡ソノリク取締役の園田裕輔さんが見せてくれたのは、シャインマスカットの外観の写真。収穫直後の九月に入庫した時点と、翌年の一月の時点では、写真で見る限りでは大差がない。実際、売り物としての鮮度を保持できる程度に保管しておける期間は四カ月に及んだ。

その期間は他の品目では、ごぼうで八カ月、デコポンで七カ月、愛宕梨で三カ月まで延ばせたという。

これだけ長期に鮮度を保持できるようになった立役者は、二つの保管技術にある。一つは「特許冷蔵」、もう一つは「CA冷蔵」だ。

写真8　エチレンガスを強制排出する「特許冷蔵」

前者は、青果物が分泌して自らの熟成や腐敗を促進する植物ホルモンのエチレンガスを、換気によって庫内から強制的に排出する。同時に加湿器で野菜や果物が乾燥するのを防ぐ。福岡ソノリクが独自に開発した技術だ（写真8）。

後者は、庫内の酸素や窒素、二酸化炭素の濃度を調整することで、冷蔵している野菜や果物の呼吸を最小限に抑えて鮮度を維持する。リンゴでは一般的に活用されている技術。物流業者でこの技術を持った設備を運営しているのは同社だけだという（写真9）。

いずれの保管技術も、鮮度保持という目的は同じであるものの、農作物によって適性が異なる。このため、同社はそれぞれ専用の倉庫を設けて、別々に活用している。

写真9　「CA貯蔵」

出荷の調整で端境期をなくす

福岡ソノリクがこれらの保管技術を活用する目的として、顧客に提案するのはまず出荷の調整だ。

保管によって、出荷できる期間を延ばす。それによって、国産の端境期を埋め、産地リレーによる周年供給の体制を構築することに寄与できる。

あるいは、大雨や台風の影響が予想される場合には、直前に限界まで収穫して長期保管することで、産地や農家にとっての損害を抑えることができる。

もう一つは品質の向上だ。一部の品目では、長期保管によって糖度が上がるなどの効果が出ている。具体例を紹介しよう。

常務の酒井謙一さんは、鹿児島県種子島の特産のサツマイモ「安納芋」を「特許冷蔵」した効果を次のように語る。

「農家が安納芋を収穫するのは八〜一一月。営業冷蔵庫などで保管しても、腐らずにもたせられるのは一月ごろまででした。それが、特許冷蔵で保管することで一年まで延びました。これにより通年での供給が可能になったんです。さらに、糖度も上がりました」

「CA貯蔵」では、北海道産のタマネギとジャガイモを貯蔵している。保管期間は、それぞれ一〇カ月と九カ月に及ぶ。前者では発芽抑制、後者では糖度の向上という副次的な効果を得た。委託元であるホクレンが福岡ソノリクで長期保管した分について、九州や中四国、関西、東海地方で独自のブランドで販売している。

福岡ソノリクは、「特許冷蔵」と「CA冷蔵」の機能を備えた物流拠点を、本社がある鳥栖のほか、鹿児島県鹿児島市と岡山県倉敷市、兵庫県神戸市に持っている。さらに関東、東北地方にも同様の機能を有した物流拠点を展開する計画。

園田さんは、関東への進出について次のように語る。「北海道や九州などの産地で収穫した青果物を消費地で貯蔵することで、注文を受けてから輸送を終えるまでにかかる時間を大幅に短くできる。もちろん、それができるのは、冷蔵技術によって長期保管できるから」

ドライバー不足が深刻化して、二〇二四年からは残業規制が始まる物流業界。長期保管できる機能を備えた物流拠点への期待は、これから、ますます高まるに違いない。

†鮮度保持期間の安定と拡大へ

一連の技術が抱える課題は、同じ品目であっても、鮮度を保持できる期間がまちまちであることだ。つまり、現状は保管期間が、農作物の内部状態はもちろんのこと、収穫した畑や栽培期間中の天候などによって揺れ動く。

福岡ソノリクは、農作物の外観や重量、水分、熟度、糖度などのデータを取りながら、品目ごとに最適な冷蔵技術を開発する。同時に、エチレンガスを排出する機能を持ったトラックや、菌やカビの繁殖を防ぐパッケージを造り、輸送中も鮮度や品質を損なわないようにしていく。

†物流業者が青果物の買い取り販売に着手

一方で、福岡ソノリクは、青果物の買い取り販売も始めている。これまで紹介してきた特殊な冷蔵技術により、長期的に保管して、需要に合わせて出荷する。いずれは、買い取った青果物で、自社ブランドをつくることも視野に入れている。

福岡ソノリクは二〇二二年度から、長崎県や五島市、JAごとう、一般社団法人離島振興地方創生協会などと共同で、同市でサツマイモ「べにはるか」の産地化に乗り出した。

長崎県によると、同市ではこれまで、焼酎や菓子の原料となる加工用サツマイモが作られてきたが、青果用での本格的な生産は初めて。二〇二二年産では、七戸の農家が四ヘクタール弱で栽培を始めている。

農家の多くはそれまで葉タバコを作っていた。ただ、タバコの市場が縮小するなか、新たな活路をサツマイモに求めた。

その出荷先こそ、福岡ソノリクである。同社は、五島市産のサツマイモを買い取って、長期にわたって鮮度を保ち、端境期を狙って販売する。

先述のとおり、サツマイモの保管についてはすでに実績がある。鹿児島県種子島の特産のサツマイモ「安納芋」を「特許冷蔵」で保管したところ、鮮度を保持できる期間は一年にまで伸びた。従来の保管方法では、五カ月がせいぜいだった。

サツマイモを長期保管することで、期待できるもう一つの効果は、糖度が高まることだ。安納芋では副次的なその効果を確かめているので、五島市産「べにはるか」でも検証する。

†選別と調製が大幅に省力化

五島市の農家にとって、福岡ソノリクに出荷する利点は、選別と調製にかかる手間が大幅に省けることにある。農家が収穫後にすべきことは、主には泥をはらうことと、三つの大きさで分けるという簡単な選別だけ。後は、規格に関係なく、すべての収穫物を同じコンテナに入れて出荷する。

福岡ソノリクが、そうした状態のサツマイモを受け入れられるのは、「カミサリー事業」を展開しているから。同事業では、貯蔵施設内に専用の部屋を設けて、青果物の選別や洗浄、袋詰めやパック詰め、さらには一次段階のカット加工までを請け負っている。

同事業をつくったのは、量販店からの要望が強くなったためだ。それまでは、量販店が各店舗でこなしてきた。

ただ、そのための場所や人手をそれぞれでそろえないといけないことから、外注したいという意向が強まっていたのだ。

福岡ソノリクは、二〇〇七年から同事業を手がけ、委託の件数は年々増えている。

†産地側の買い戻しを許可

五島市側との契約では、産地が出荷した後、保管中のサツマイモを買い戻したいとなれば、それができるという付帯条件も織り込んでいる。その理由について、福岡ソノリク取締役の園田さんはこう語る。

「ゴールは当社が販売することではなく、保管や配送などの物流に基づいたマーケットプレイスを提供すること。だから農家が営業して販売機会を得たのであれば、買い戻して直接販売してもらうと、マーケットの拡大にもつながると考えている」

五島市でのサツマイモの栽培については、次のように計画している。「二〇三〇年までに年間で三〇〇〇トンから四〇〇〇トンを作ってもらうつもりだ。弊社はこれから、そのための販路や物流を開拓していく。有機栽培も確立して、ブランド化につなげたい」（園田さん）

福岡ソノリクは、五島市産のサツマイモ以外でも、保管と配送を検討するという。園田さんは「端境期まで保管ができるかどうかを見極めていきたい」と話している。

今後、五島市には産地開発の拠点を設置する予定。

想定では、「特許冷蔵」を備えた保管場所とするだけではない。新規就農者向けの学校を用意するなど、新たにサツマイモを作る人たちの研修の場として、供給量を増やしていく。

すでに今回の事業化に当たっては、新たに作るという農家たちを一大産地の鹿児島の農家に連れていくなど、生産技術の研鑽を図る場を設けてきた。

さらに拠点には、冷凍施設も設けて、魚介類も扱っていく。それによって、農産物の端境期でも拠点が遊ぶ期間を作らせないようにする。

栽培技術や加工技術について学ぶ研修施設も用意して、五島産の一次産品を開発するための幅広い活動ができる拠点とする予定だ。

一方で、五島市での事業をモデルとして全国に展開することも視野に入れている。すでに福島県と連携して、野菜の産地化とその保管を担うとともに、調理しやすい大きさや形に刻んだ「カット野菜」を製造する工場を二〇二三年度中につくり、二四年度から稼働する計画も進めている。

6 「やさいバス」、コロナ禍で主な取引先は飲食店から小売店にシフト

最後に紹介するのは、地域内で農産物の売り手と買い手をつなぐ物流サービス「やさいバス」。主な買い手であった飲食店が新型コロナウイルスの影響で営業を控えたことは、サービ

スにどのような影響や変化をもたらしたのだろうか。運営する株式会社エムスクエア・ラボ（静岡県牧之原市）の加藤百合子さんに話を聞いた。

†「バス停」を集出荷場に

――まずは、あらためて「やさいバス」のサービスについて教えてください。

もともと、地域の農家が生産した農産物を地域の飲食店に届けるために始めた物流サービスです。サービスを展開する地域ではＪＡの施設や新聞店などを「バス停」に見立てて集出荷場を設けます。

農家と飲食店には事前にオンライン上のシステムで受発注してもらいます。契約が決まれば、農家は指定の日時までに野菜や果物を「バス停」に持参するだけ。集荷するのは自社や運送会社のトラック、あるいは貨客混載できる路線バス。これらの「やさいバス」が集荷して、指定の時刻までに別の「バス停」に届けて回ります。飲食店にはそこに取りに来てもらうという流れです。システムでは決算や、チャットでの意見交換もできます。

――利用者が負担するサービス料は。

買い手にはコンテナ一箱当たり三八五円（税込）を、農家には売り上げの一五％を負担してもらいます。

†飲食店の休業や時短営業で取引量はコロナ前の約六割に

――コロナ禍で飲食店が休業や時短営業した影響がありましたか？

取引量は一時、コロナ前の六割くらいにまで下がりましたね。これはまずい、どうしようってなって……。そんな時に「無印良品」を展開する株式会社良品計画から声がかかったんです。これを機に、それまで取引をしてこなかった小売店に営業をかけました。ちょうど巣ごもり需要が高まったので、小売店との取引が増えていきましたね。いまでは主な取引先は飲食店から小売店に変わりました。

――緊急事態宣言が解除されて、飲食店も通常営業に戻りました。

ありがたいことに、コロナ禍の最中でも注文を続けてくれていた飲食店があるので、そうしたお店とはお付き合いを続けていきます。ただ、小売店に鮮度のいい地場産の農産物を出せるようになったので、それ以外の飲食店には近くの小売店でうちの野菜や果物を買ってもらうよう案内していくつもりです。

†SDGs対応で輸送距離を表示

――小売店との取引は伸びていきそうですか。

そうですね。というのも、小売業界はSDGs（持続可能な開発目標）やESG（環境・社会・ガバナンスを考慮すること）を強く志向するようになって、農家が一方的にリスクを負う「消化仕入れ」を控える傾向にあります。責任をもって買い取り、売り切るという流れができつつあるんですね。SDGsについては日本での取り組みが遅れているようですが、それでも欧米の企業が株主の小売店は熱心です。うちもこの流れに乗れるような事業を展開します。

――といいますと？

商品に張るラベルに農産物を運んだ距離を表示します。小売店は「やさいバス」を利用すれば、カーボンニュートラルに対応したことを証明できるわけなんです。

静岡―長野間で「さかなバス」が始動

――「やさいバス」は全国でどれくらい広がりましたか。

二〇一七年に静岡県で始まり、二〇二一年八月末時点で全国八県に広がりました。利用者は出荷者が七〇〇、購買者が一八〇〇です。

――農産物を運ぶのは県域だけですか。

いいえ、県域を越えた広域連携も始めています。その一つが長野―静岡便です。静岡は夏になると野菜の数が少なくなる。それを埋めるため、長野県川上村と連携。レタスで利用いただいています。そのレタスは静岡で売っています。帰りの荷物もつくろうと、静岡の魚介類やその加工品を輸送する「さかなバス」を二〇二一年一一月から毎週走らせています。静岡県は新鮮な魚介類が手に入るだけではなく、干物を作る技術に長けているので、そうしたいいものを長野県に届けていきたいですね（写真10）。

——「やさいバス」の今後の展開は？

付加価値を生み出すため、消費の情報が生産に戻るような仕組みを作りたいと思っています。私たちはこれを「バリュー・サイクル・コード」と呼んでいます。

そのために当社グループの台湾のチームと始めたのが、売れ行きを把握するシステムの開発です。一般に小売店はPOSデータを戻してくれないので、自分たちで取るしかない。そこで売り場にカメラを設置して、撮影した画像を人工知能で解析することで、商品がいつ、どのくらい減ったかを追跡できるシステムをつくろうとしています。

写真10　「さかなバス」（エムスクエア・ラボ提供）

——どう使うのですか。

瞬時の対応としては、商品が減ったら、すぐに積み足します。中長期的には需要を予測するのに使いたい。何曜日の何時に何が売れるかを把握して、需給をマッチさせていきます。開発を終えた段階で、台湾でも「やさいバス」を始めるつもりです。

——その話はどれだけ進んでいるんですか？

じつはもう現地法人をつくりました。台湾のチームによると、向こうには、日本人が知らないけれど、美味しい果物が結構あるみたいなんです。まずは台湾内で「やさいバス」を定着させます。いずれは、日本と台湾の間で鮮度のいい農産物を輸出入できる仕組みをつくります。台湾が成功したら、次はインドにも進出したいと思っています。

このインタビューの後、エムスクエア・ラボは台湾からパイナップルを試験的に輸入するようになった。二〇二三年の後半には、「台湾からの輸入を本格的に始める予定」だという。

物流問題は一次産業の現場にとって圧倒的な危機である。だが、個人的な印象をいえば、農家や産地にはその認識が浸透しているようには思えないのが残念である。今後は物流業界へ思いを寄せ、行動できるかどうかが、それぞれの経営の行方を大きく左右するに違いない。

第三章

待ったなしの農業関連施設の再整備

国内の産地にとって、物流と並んで喫緊に見直すべき大きな社会基盤の一つに農業関連施設がある。本章で取り上げる農業関連施設は、前章との関係で流通の機能を果たすものに限定し、今後のその展開について参考となる事例を報じたい。

すなわち、本章における農業関連施設とは、農家が作った農産物の集荷から調製、貯蔵、出荷することを目的とする機能を有した建物だ。その多くはＪＡが運営している。そして、老朽化し、更新が待ったなしという段階に来ている。

だが、人口減少時代を見据えた戦略を持たずに、従来と同じ規模や仕様で建て替えたりすれば、いずれ採算割れで運営できなくなる事態に陥ることが想定される。受益者である農家が急速に減るなか、施設の利用料による収益もまた下がる一方だからだ。

おまけに第二章で詳しくみたとおり、物流業者にとって農産物は、ほかの業界の荷物と比べると、とりわけ手荷役がかかる。「二〇二四年問題」を持ち出すまでもなく、物流環境が悪化していることは日々の仕事や生活においてひしひしと感じ取れるなか、物流業者が優先的に農業界の荷物を運ぶ動機は薄れていくばかりだ。

農業関連施設はどう再整備すればいいのか。これは、産地の存続にかかわる大きな課題である。先進的な取り組みを紹介していこう。

1 農家とドライバーの負担を減らす「東洋一」の選果場

農畜産物の総販売高のうち、ブランドの「三ヶ日みかん」が七割以上を占めるJAみっかび（静岡県浜松市）。このミカンの一大産地を象徴しているのは、JA本店のそばにある「東洋一」と呼ぶ選果場だった。

建物の延べ床面積は一万五〇〇〇平方メートルで、一つの品目の選果場として国内では目にすることのない規模を誇った。糖度と酸度を計測する光センサー付きの選果機や、コンテナを移動するロボットが一日当たり五〇〇トンのミカンをさばいてきた。

ただ、竣工から二〇年が経ち、老朽化が目立つようになった。そこでJAみっかびは二〇二一年一一月、総工費約八〇億円をかけて、旧三ヶ日高校の跡地に新たな選果場を竣工した。目を見張るのは建物の巨大さで、延べ床面積では「東洋一」とうたった従来の選果場のさらに約一・五倍に及ぶ。そこから見えてくるのは、人口減少時代に対応する産地としての強い意思である。

†規模拡大で負担増の「家庭選果」を省力化

これだけ広い建物にした第一の目的は、さまざまな労力を軽減するためだ。その対象はまずもって農家であり、個々で実施している「家庭選果」である。

農家はこれまで、「レギュラー」「二等」「原料（風擦れなどの傷、病気や虫の被害に遭った果実）」を外観で仕分ける「家庭選果」を個別に行ってから、選果場に出荷してきた。

一方、新たな選果場では、「レギュラー」「二等」の仕分けを請け負うことにする。つまり、農家は「原料」だけを取り除けばいい。

高齢の農家の中にはそれすらもできなくなっている人がいることから、収穫物をそのまま集荷する仕組みも整えている。選果場の一区画に専用のロボットと補助員を配置して、「原料」を取り除く。こちらは有料。

注目したいのは、「家庭選果」で「レギュラー」と「二等品」を仕分けるよりも、選果場にすべて任せたほうが、上位の等級に入る割合が増えることだ。同JA営農経済部長の久米孝征さんは「二等品として厳しく判定する農家が多かったということ。等級が上がった分で数億円の効果が見込める」とみている。

†選果結果のデータを営農指導に活用

以上を可能にするのは、AIを導入した選果機である（写真11）。

これまでは、品質評価を落とす原因の病害虫による被害痕や、高温多湿で発生しやすい果皮と果肉が分離して腐敗につながる浮き皮といった症状は、人が見て判別するしかなかった。ただ、目視だと、問題のある果実を見逃すことがしばしばある。放置すれば、取引先からの評価を落としかねない。

おまけに、人口減少により、いつまでも現状のように雇用を確保できるかわからない。

そこで、選果機のメーカーと二〇一八年から、被害痕や症状のある果実を複数の角度から撮影し、その画像を人工知能（AI）に学習させてきた。結果、問題のある果実を高速で判別して、選果する機械を開発した。同JA柑橘課販売係長の宮崎裕也さんは「目視による選果では、病害果を一〇〇％取り除くことはできませんでした。その悩みをAIが解決してくれたわけです」と話す。

選果したミカンの外観品質と内部品質の成績が、農家の畑ごとにデータとして蓄積されることも強調したい。これがきめ細かな営農の指導に役立ち、量と質の向上につながる。その仕組みは次のとおりだ。

写真11　AIによる選果

農家は出荷する際、ミカンを詰め込んだコンテナをパレットに載せて、車で運んでくる。選果場で用意されているマイクロチップを内蔵した「IDボール」に、専用の機器を使って、収穫した園地や運んできたコンテナの数を入力する。IDボールとは、見かけは玩具のカラーボールに似た球体のものだ。

あとは、コンテナの一つに入れておくだけ。選果ラインを経由するにつれ、品質評価のデータが自動で入力されていく。

一連のデータは、地図情報システム（GIS）に落とし込まれる。JAも農家も、年次別に園地ごとのデータを紙で確認できる。JAはそれらのデータを踏まえて、次年度以降の営農指導に活用できる。

集荷業者の運転手不足にも対応

この選果場の特徴として、もう二点付け加えたい。

一つは、出荷箱の容量を現行の10kg箱から8kg箱に、5kg箱から4kg箱に変えたことだ。世帯当たりの消費量が減少したり、単独世帯が増加したりしているからだ。選果の出口を複数に分けることで、ほかの容量にも臨機応変に対応できるようにした。

新たな選果場では、ドライバーが減少する時代に対応することも想定している。

その一つが「合積み」の自動化だ。

従来の選果場では、選果したミカンが詰まった箱を出荷用のパレットに載せる役割はロボットが担っている。課題は一つのパレットに一つの規格しか載せられないこと。たとえば「優　2L」を載せるパレットに「秀　L」と一緒に載せる「合積み」ができない。

ただ、二〇以上ある等階級を効率的により多くの市場に届けるには、「合積み」することが欠かせない。JAみっかびの場合、出荷量の三〇%が「合積み」である。

このため、選果場では人力による詰め替えの仕事が発生する。たとえば、「優　L」と「秀　2L」を「合積み」する場合、人力でもって「優　L」で一杯になったパレットの箱を半分だけ取り除き、「秀　2L」を積み入れる。選果場の職員と運転手が総がかりでこの作業に当たってきた。

一方、新しい選果場では、より高度になったロボットによって「合積み」ができる。同JA営農支援課長の伊藤篤さんは「一〇トントラックに荷積みする時間は、以前なら二時間程度かかっていました。それが、いまは一五分から二〇分で済んでいます。おまけにロボットが合積みしてくれるので、基本的に手荷役はかからない。ドライバー不足の時代に大事なことです」と説明する。

以上のような効率化を進めた結果、新選果場は従来の三分の二の人員で稼動させることができるようになった。

次の世代に何を残すのか

ちなみに、いずれの果樹の産地でも大型トラックにパレットのまま積むわけではない。「ほとんどは箱のまま積んでいるようだ」と伊藤さん。

たしかに、ミカンに限らず産地を訪ねると、箱積みをしているところを頻繁に見かける。運送業者にとってみれば、どれだけ手荷役をかけても、トラック一台の運送料に変わりはない。そうであれば、できるだけ手荷役を減らしたいし、一方でそれに反する荷物を運びたくなるのは当然である。

付け加えると、同ＪＡでは、多くの農家が二トン車にパレットを載せて出荷する。これができるのは、農家が各自でフォークリフトをそろえ、パレットのまま保管できる低温貯蔵庫を持っているからだ（写真12）。多くの産地では、コンテナで貯蔵と出荷をしているので、その積み下ろしがないだけで負担は大きく違う。

約三〇年前にこの仕組みを考案したのは、同ＪＡの前組合長で、当時はミカンを作る農家だった後藤善一（ごとうよしかず）さん。その少し前から、後藤さんは農業の機械化に関心を持つようになっていた。「そのころは、どの作業も人力だった。うちは親父が町会議員だったから、祖父母と母とで五ヘクタールをこなしていた。こんなことをやっていたら続かないと思ったよ」

写真12　パレットで保管している農家の低温貯蔵庫

これが原体験となり、後藤さんは大学卒業後に実家で農業を始めるや、仲間とともに、病害虫を防除する薬剤を噴霧するスピードスプレイヤー（ＳＳ）という機械の研究会を設立。急な傾斜のある園地をならし、農道も整備した。それで、ＳＳやユンボ、軽トラなどが入れるようになり、防除や施肥、収穫、木の植え替えに至るまで楽にできるようになった。

その資金に充てたのは、WTO（世界貿易機関）の前身であるGATT（関税および貿易に関する一般協定）のウルグアイ・ラウンド（一九八六―一九九四年）対策の事業費。八年間で六兆一〇〇〇億円が用意され、場所によっては農業とは無関係に思える温泉施設を建てるところもあった。対して後藤さんらは、その事業費で先のような基盤整備を進めた。

後藤さんは「いまうちの管内で活躍している機械はほとんど自分が提案したと思う」と語る。ほかの農家もそれに倣い、産地全体の生産性が上がった。「三ヶ日みかん」は、先人によって礎を築かれたのだ。

JAにとって、販売力とは集荷力であり、なおかつ生産力である。産地において一定量以上の農産物が作られ、それを集められなければ、売ることはできないからだ。

そこでJAみっかびは、人口減少時代に合わせて農業関連施設を再整備した一方で、生産基盤のそれにも注力しているところだ。農業関連施設を安定して運営していくためにも大事なことなので、触れておきたい。

JAみっかびが課題に掲げていることの一つに、物量の確保がある。久米さんはこう語る。

「年平均三万トン前後といういまの生産量は何が何でもみかんを産業とする産地として維持しなければならない」

ただ、現状の見通しは決して明るくない。同JAは定期的に管内の農家を対象に後継者の有無について実態調査をしている。二〇一九年では「見込みなし」が六〇・七％に達したのだ。

調査の結果通りなら、ミカンの作り手はこれから急速に減っていく。生産量を維持するには、残る農家に増産してもらうよりほかかない。

そのために、同JAが二〇一九年度に改定した「柑橘振興方針」では、「経営基盤の強化」に注力することにした。

目玉の一つは、国の補助金を活用した大規模な基盤整備事業である。

写真13　基盤整備中の園地

先述のとおり、JAみっかびでは農家が個々に重機を購入して、自力で傾斜をならしたり園内道を整備したりしてきた。その結果、スピードスプレイヤー（SS）が走れるとされる園地は「五割ほど」（同JA）にもなるという。

一方、今回の事業で対象にするのは、農家が自力ではできない大規模な基盤整備だ。現在進行中なのは二六ヘクタールで、三〇戸以上に譲渡される予定である。担い手への集積率は八五%以上になる（写真13）。

同時に農地中間管理事業を活用して農地の集積と売買をあっせんする。

そうして農家が規模を拡大した時に懸念されるのは、労働力の確保だ。伊藤さんは「ミカンは五ヘクタールまでなら、収穫以外の作業なら親子二世帯の家族でこなせます。ただ、五ヘクタールを超えると、他の作業でも雇用が必要になってきますね」と語る。人手を確保するのが難しくなるなか、どうするのか。

†品種構成と樹の仕立て方を見直す

同JAがまず見直すのは品種の構成。管内では現状、ミカンの栽培面積のうち晩生品種「青島」の割合が多数を占める。このため、たとえば収穫は一二月に集中する。大規模経営体を中心に極早生や早生の品種を導入することで、作業の分散を図る。

同時に、樹の仕立て方を変えて、脚立を使わずに作業ができるよう樹高を一・五メートル程度と低くすることも検証する。

†生産量は微減でも販売金額の増加へ

同JAは、二〇四二年度をめどに数値目標を掲げているが、注目したいのは、生産量は減らしながらも、販売金額はむしろ増やすことだ。

「三ヶ日みかん」は消費者庁の機能性表示制度で二〇一五年に「β-クリプトキサンチン」を、二〇二〇年に「GABA（ギャバ）」を含有する食品として受理された。生鮮食品として二つの機能性を表記するのは初めて。このように付加価値を高めながら、販売体制の強化を図ることで販売金額の増加を実現する。

これまで「三ヶ日みかん」というブランドを支えてきたのは、他産地に比して強固といえる経営基盤だった。

生産面に限っていえば、なだらかな傾斜という地の利に加え、後藤さんが手掛けた機械化や基盤整備があることは既述の通りだ。

かつて筆者が取材した際、後藤さんは当時を振り返ってこう語った。「自分の経営も産地も良い方向に変えていきたい、それが自分の行動原理のすべてといっていいかもしれない。今のままではなく、もっといい方法がきっとあるって」。こうした思いを産地でどれだけ共有できるかが「三ヶ日みかん」のこれからに影響してくると感じる。

2 イチゴの選果と調製を請け負うパッケージセンター

†産地が農家の減少で出した答え

果物の人気ランキングでは、ミカンと並んで最上位層を占めるイチゴ。根強い需要はあるものの、これからますます供給が追いつかなくなることが懸念されている作物である。

その要因は、農家がこなしている選果やパック詰めといった作業だ。その負担の大きさから後継者が毛嫌いし、品目の転換や廃業する事態が生じている。

本節では、これらの作業を一括して請け負う「パッケージセンター」と呼ぶ施設の意義について考えてみたい。最初に断っておくと、今後、この施設の存在抜きに産地の存続は考えにくい。

佐賀県におけるイチゴの生産量の三割以上を占めるJAからつ。二〇二〇年一二月上旬、唐津市市原にある同JAのパッケージセンターでは、同県が育成したブランド「いちごさん」を出荷する農家が車でちらほらと訪れていた。ちょうど前日から、翌年の五月末にまで及ぶ今期の集荷を始めたところだった。

同ＪＡの説明によると、センターでは、集荷したイチゴを予冷庫で一日保管し、選果やパック詰めなどをした後に出荷する。これらの作業は、二〇一四年まで農家が個別に行ってきた。それをＪＡで一括して請け負うべくパッケージセンターを運営し始めた背景には、生産農家の高齢化と減少が止まらないことがあった。

†農繁期には睡眠時間が一日二時間

ここで、イチゴの施設栽培における農作業別の労働時間と、その割合を押さえたい。参考にする資料は、三重大学大学院生物資源学研究科の徳田博美教授が独立行政法人・農畜産業振興機構が発行する「月報野菜情報」の二〇一七年五月号に寄稿した「導入進むいちごパッケージセンターの成果と課題――唐津農業協同組合の取り組み」。

この報告書によると、ＪＡからつ唐津地区のパッケージセンターが竣工する直前、二〇一二〜一四年度の全国における労働時間（農業経営統計を基に算出）の平均は四六六七時間だった。農業経営に関与する平均的な人数は二・四九人だったので、一人当たり一八七四時間。

強調したいのは、これは一年ではなく半年の労働時間である。休みなく働いたとして一日当たり一〇時間を超える。

同じくこの報告書で労働時間の内訳をみると、最も多くを占めるのは二九・一％の「収穫・

調製」で、次いで二三・八％の「包装・荷造・搬出・出荷」である。両者で半数以上を占めている。イチゴづくりがいかに労働集約的であるかが理解してもらえただろう。

とくに収穫の最盛期には「二時間しか寝られないことなんてざら」（JAからつ）という過酷さだ。収穫期間中となると、イチゴは毎日実をつけるので、当然ながら休みはない。このため、「イチゴ農家には嫁をやれない」という話は産地でときどき聞く話である。

†管内の全量を受け入れ可能

JAからつがこうした労働環境を改善するために建てたのがパッケージセンターなのだ。基本的に農家は収穫したイチゴをコンテナに入れ、センターに運んでくるだけでいい。後の作業はセンターの職員がこなしてくれる。

JAからつが運用するパッケージセンターは二棟ある。一棟は、冒頭に紹介した唐津地区のセンター。もう一棟は、これより五年前の二〇一〇年から稼働する上場（うわば）地区のセンターだ。

取材先としてJAからつを選んだのは、これら二棟のパッケージセンターで、管内で生産する農家全戸のイチゴを受け入れられる体制ができているから。私が調べた限り、パックセンターを運営するJAは存在するものの、農家全戸を対象にしているJAは存在しなかった。

†所得は「数％増」

第一号となった上場地区のパッケージセンターを建てるに当たって壁となったのは、意外にも農家からの懸念する声だった。それは、「パッケージセンターに出荷すると作業賃が取られる分、所得が減るのではないか」というもの。それまで農家は選果や調製といった作業を内製化してきたので、センターに委託すれば支出が増えるのは当然だ。では、本当に所得が減ったのか。

ＪＡからつによると、選果と調製をパッケージセンターで引き受けるようになったことで、まず農家の収量は上がったという。

というのも、農家が自ら選果やパック詰めをしていた時代には、それらの作業に追われて収穫しきれず、残った下位等級品の一部は廃棄していた。事実、農家の平均反収はセンターが稼働した前後で四二〇〇キロから四八〇〇キロに増えており、収穫する余裕が生まれたことが分かる。

所得の変化について、ＪＡからつ唐津中央営農センター（いちごリーダー）課長代理の山口康宏さんはこう語る。「きちんと集計して計算しているわけではないが、感じとしては数％上がっている」

†ショッピングや行事に参加する余裕生まれる

もう一つの利点は、農家の精神的、肉体的な負担が軽減されたこと。同ＪＡいちご部会長の本弓寿徳さんはパッケージセンターをこう評価する。「とにかく楽になったよね」。

山口さんは「以前であればショッピングや子どもの行事に参加する暇もなかった。パッケージセンターができたことで、そうしたことができる余裕が生まれた」

一点断っておくと、同ＪＡのパッケージセンターは、管内で生産されたイチゴの全量を受け入れられるわけではない。収穫量が多くなる時期には、パッケージセンターの処理能力を超えるので、一部は農家が自ら選果やパック詰めをしている。

ただ、山口さんは、それも改善されるとみている。理由は収穫量が時期によって浮き沈みが少ない品種の構成にしたから。取材したときに作付面積の九五％を占めた「いちごさん」がそれである。

†パッケージセンターを建てる段取りが大事

山口さんは、パッケージセンターを運用するのであれば、竣工するまでの段取りが大事だという。

ＪＡからつは、二〇〇六年に四つのＪＡが合併して誕生した。とくに旧ＪＡ上場の上場地区がイチゴづくりに力を入れてきたことから、まずは「必然性の高い」同地区でパッケージセンターをつくることにした。上場地区での評判が良かったことから、唐津地区にもその噂が広がってセンターを建てるに至った。

イチゴ産地がパッケージセンターを建てることを計画するのであれば、必然性の高い地域から始めるということは覚えておくべきである。

ただ、ほかの産地でパッケージセンターを導入できるかどうかについて、山口さんは懐疑的だ。同ＪＡのパッケージセンターには多くの視察がある。そこで漏れ聞こえてくるのは、センターを望んでいない農家の声だという。

「結局、農家は自分で選果や調製をしたい。人に任せたのでは、自分がつくったイチゴがきちんと評価されないという思いがある」

もちろん高齢化とともに、選果や調製をすることは厳しさを増し、いずれは廃業に至る。「それもまた良し」としてしまっているのだろう。それは、個人の生き方であるので、他人がとやかく言う資格はない。

ただ、産地として生き残るのであれば、是が非でもパッケージセンターを実現する道を探るのがＪＡの責務である。

†イチゴを選果するロボットとは

農家の負担を軽減するパッケージセンターだが、その運営自体も決して安泰ではない。人口減少とともに、とくに人口が少ない農村部ほど、雇用を確保するのが困難になってくるからだ。

事態の打開に向けて、イチゴを重量に応じて選果するロボットの実証実験が、ＪＡ阿蘇（熊本県阿蘇市）で進んでいる。研究チームに試作機を見せてもらった。

ＪＡ阿蘇は全国でもいち早く、パッケージセンターを稼働させてきた。ただ、最近になって問題化してきたのは人手の確保。地域の人口が減少するなか、労働力を確保するのが難しくなってきた。コロナ禍もあって、外国人技能実習生にも頼りにくい状況だ。

そこで、人に代わって果実を選別するロボットを備えた選果機の開発が二〇一九年度からＪＡ阿蘇で進んでいる。取り組んでいるのは、農研機構や秋田県立大学などの研究チームだ。

阿蘇のカルデラに広がる田園の一角にぽつんと建っているＪＡ阿蘇の中部営農センター内にある「パッキングセンター」では、イチゴの選果と調製の作業が盛況だった。

足元に暖房器具を置いて作業をしている女性たちからは、東南アジアのいずれかの国の言葉かと思われる会話が聞こえてくる。案内してくれた農研機構・九州沖縄農業研究センターの暖地畑作物野菜研究領域・施設野菜グループのグループ長補佐である曽根（そね）一純（かずよし）さんによると、カンボジアやベトナムの外国人技能実習生が中心になって働いているそうだ（写真14）。

全国のイチゴの産地では、選果とパック詰めの作業を農家が個別にこなしてきた。

ただ、その負担は大きく、高齢の農家ほど離農する大きな理由になる。概してイチゴは需要があるものの、生産量が減っている要因の一つがここにある。

こうした事態を防ぐため、とくにＪＡが主導して各地で整備を進めているのが、選果やパック詰めなどの作業を担う「パッキングセンター」である。農家は、イチゴを詰めたコンテナを持ってくるだけでいい。あとは、パッキングセンターの従業員が選果から調製までをこなす。

写真14　イチゴの選果とパック詰めの作業。立ち仕事で、冷え込む冬場の肉体的な負担は大きい

農研機構の調査によると、九州におけるパッキングセンターの数は二〇一八年には三五だったのが、二〇二二年には四五にまで増えた。曽根さんは「農家からの需要が高まっている証拠」と語る。

†運営上の大きな不安要素

ただ、その運営は大きな不安要素を抱えている。曽根さんが再び説明する。

「問題は、作業をする人手の不足が深刻化していること。そもそも選果もパック詰めも熟練の作業が必要なうえ、寒いなかを立ったままでするので、きつい。それもあって、農家が作ったイチゴを全量受け付けることができないところがほとんど」

「おそらく全国でも唯一例外的」（曽根さん）に、ＪＡ阿蘇では全量を受け付けている。それができるのは、同ＪＡの中部営農センターが周年雇用体制を築き、必要な人員をそろえているからだ。すなわち、同センターでは六月から一一月まではトマトを、一二月から六月まではイチゴの作業を用意している。

ほかの産地のパッキングセンターはイチゴ専用の施設。だから、通年で人を雇えず、イチゴの収穫のピークに合わせた雇用体制が築けない。

とはいえ、地域における高齢化と人口減が進むなか、ＪＡ阿蘇も人手を確保していくことには不安を抱いている。

†選果時の損傷対策を徹底

そこで、農研機構や秋田県立大学、ＪＡ阿蘇らが共同で開発をしているのが、選果するロボットだ。農林水産省「スマート農業技術の開発・実証プロジェクト」に基づいて実施している研究である。

改良を重ねた結果、二〇二二年度実証しているのは、細長い筒状のロボットを搭載した選果機だ（写真15）。

このロボットが持っている主な運動機能は上下と横の移動、回転の三つ。先端部分では、特殊なセンサーを使って果実の位置を特定し、空気圧を使ってそれを吸着する。

主な仕組みは次のとおりだ。コンテナを載せたレーンを真ん中にして、その左右に空の容器を載せた三つのレーンが並んでいる。ロボットはこの上に設置されている。

それぞれのレーンの容器に入れる一粒当たりの重量はあらかじめ設定しておく。するとロボットは、コンテナに載った果実を一粒ずつ吸着すると同時に重量を計測。回転して向きを整えながら、左右の移動によって適切な容器に移し替えるということを繰り返す。

開発者である秋田県立大学生物資源科学部の准教授（農業機械学）山本聡史（やまもとさとし）さんによると、もっともこだわったのは、ロボットの先端部分だという。

「もっとも腐心したのは、いかにイチゴを傷めないようにするかでした。蛇腹を採用するなどしたことで、大きい力で捉えなくても、確実にハンドリングできるようになっています。この技術の肝ですね」

容器には、包装資材メーカー・大石産業（福岡県北九州市）が開発した「ゆりかーご」を採用している。鶏卵の容器のようにイチゴを一粒ずつ入れられるほか、衝撃を吸収する構造になっている。ロボットはイチゴを置くのではなく、少し上空から離すため、衝撃を吸収する構造を持つ容器が欠かせない。

写真15　イチゴの選果ロボット

当初の構想では、選果からパック詰めまでの一切をロボットに任せるつもりでいた。だが、それは技術的に難しかった。ロボットは、人がやるように、すべての果実を同じ方向にしてパックに隙間なく詰めるということができないという。

このため、選果機に代行させるのは、重量に応じて果実を選別して「ゆりかーご」に詰める「粗選果」だけ。粗選果した果実の傷の有無などを確認して、パック詰めする作業は、従来どおり人がこなす。

ロボットで「粗選果」をすることで、その後の人による選果の作業時間は三割減らせた。ロボットを搭載した選果機は一台一五〇〇万円程度になるように見込んでいる。この金額は、導入によって削れる人件費と償却期間などを踏まえて算出した。

選果機はキャスターを付けて移動できるようにする。

曽根さんは「将来的には、非破壊で果実の糖度や損傷具合を把握できるセンサーも搭載できるようにするつもり」と話している。

†輸出促進へ鮮度を維持した輸送法を模索

選果ロボットを開発しているのは、輸出促進の一環である。イチゴの輸出額は二〇一九年度に二一億円だったが、二一年度には四〇億円を超えた。国は二〇二五年度には八六億円にする目標を掲げている。輸出先のほとんどは香港や台湾を含む東アジアだ。

研究チームはその実現のため、顧客層の拡大を図ることを目的とした。すなわち、顧客として従来の富裕層だけではなく、中流階級の上位層も取り込むため、「中価格帯」での商品を充実させるための生産や流通の技術の開発だ。

中価格帯とは、一パック当たり一二〇〇〜一五〇〇円で、競合する韓国産の一・五倍である。

現地バイヤーによると、この価格帯であれば、日本産が売れるという。

研究チームは、イチゴを作るハウス内の環境を制御する新たな技術を開発して、収量と品質を大幅に高めようとしている。

同時に、輸送段階での痛みによるロスと費用を減らす技術や手段の検討もしている。一パック一二〇〇～一五〇〇円に抑えるには、輸送手段としては空輸よりも安価な船便が絶対条件となる。となると輸送に時間がかかり、従来の方法では鮮度が悪くなるのは必至だ。

そこで検証しているのが、鮮度の保持効果が高い電場を使った冷蔵コンテナによる船便輸送だ。

ただし、二〇二一年度はコロナ禍で、海外に直接輸出する実証試験はできなかった。代わりに、同様の方法と期間で国内で輸送の実証試験をしたところ、一回の輸送で二〇〇〇パックを積載すれば、価格と品質の両方で韓国産に対して競争力を持つ商品を提供できることがわかった。

この実証プロジェクトは二〇二二年度まで。二〇二三年度からはどのように実装されるのか。その行方に期待したい。

†物流の合理化を前提にした農業関連施設の立地

言うまでもなく、農業関連施設は物流の変化と無縁でいられるわけではない。むしろ、今後は物流の合理化を意識した仕様や立地に変えなければいけないことは、JAみっかびの取り組みからもうかがい知れることだ。

そうした問題意識を持って、産地側との新たな連携を模索しているのは、第二章で紹介した福岡ソノリク（佐賀県鳥栖市）である。

同社がまず始めようとしているのは、産地の集荷拠点から物流拠点までの輸送の合理化だ。両拠点が離れていたり、集荷拠点で集められる青果物が少なかったりすると、費用対効果が合わずに輸送を断念せざるを得なくなる。

同社は、そうした事態を避けるため、自治体やJAと生産から集荷、輸送するまでの一貫した仕組みを構築する話し合いを始めている。

これと同じ課題について、農業法人から相談を受けることも多いという。最近では、複数の農業法人と島根県を訪ねて、過疎地で耕作を放棄されている農地での農業生産から集荷、輸送までの仕組みをつくろうとしている。同社取締役の園田裕輔さんは「地元の人に農作業を手伝っていただきながら、力のある農業法人とともに新たな産地をつくっていきたい」と話している。

3 共同選果と産地づくりをセットで

†転作の促進

農家が急激に減るなか、一つのＪＡだけでは、産地名を冠せるほどに十分なだけの量の農産物が集まらない。あるいは、農業関連施設の運営や建て替えの費用が捻出できない。

そんな事態が全国に広がるなか、複数のＪＡが一体となって対処する先駆的な事例が出てきた。その一つは、広域をカバーする共同選果施設を作ることで、サトイモの産地を広げることに成功した愛媛県の事例だ。

ＪＡ全農えひめ（松山市）は、愛媛県が育成したサトイモの品種を「伊予美人」という名前で商標登録し、全国に向けて販売している。

その特徴は、丸々として、形が整っていて、粘りが強く甘みがあり、きめ細やかな肉質であることである。全農えひめは、伊予美人を全国に通用するブランドに育て上げるべく、県東部の東予地区で栽培を広げようとしてきた。

サトイモは、水田の転作作物であり、コメよりも収益性が高い。

ただ、多くの農家に転作に組み込んでもらうには、コメのように一通りの作業が機械でこなせることが欠かせない。農家の高齢化に加え、離農に伴う規模拡大が進み、農作業に手間をかけられなくなっているからだ。

そこで、畝立てやそれを覆うマルチシートの展張、たねイモの移植や収穫の機械化に向けた努力が、地元のＪＡや行政などにより重ねられてきた。なかでも昔からの産地として知られるＪＡうま（四国中央市）では、機械化一貫体系が先んじて確立されている。

写真16　サトイモの広域選果場

稼働から三年で出荷量一割増

しかし、栽培を広めるには大きな課題がもう一つあった。選果作業だ。

サトイモは、茎の直下にある大きな親イモの周りに子イモができ、その子イモの周りに孫イモができる。それらが互いにくっつき合って塊になった複雑な形をしている。

その分、丸さの程度や、くっついていた部分の多さなど、選果の基準が多岐にわたり、かつ細かい。「伊予美人」という一つのブランドとして、共通した選果の基準を設けていたものの、現実にはＪＡごとに品質にばらつきが出てしまっていた。

これまで見てきたミカンやイチゴを作る農家と同じように、サトイモを作る農家にとっても、選果は大きな負担となる。この作業をＪＡで担わなければ、生産量を維持することすら難しい。小規模な選果場を持つＪＡは一つあったものの、建て替えの時期を迎えていた。

全農えひめはこうした課題を解決すべく、東予地区の四ＪＡを対象にした集出荷施設「愛媛さといも広域選果場」を、二〇一九年に四国中央市に建設する（写真16）。

その処理能力は日量三五トン。建設当初は年間約三〇〇〇トンの出荷を計画していた。稼働を始めた二〇一九年度に二八〇〇トン強だった出荷量は徐々に増え、二一年度に約二九〇〇トン。二〇二二年度は、三〇〇〇トンを超える見込みだ。出荷する農家数は、六〇〇戸から六五〇戸に増えた。

†広域選果場建設、三つの効果

全農えひめ園芸農産部に所属し、広域選果場の所長を務める阿部剛久（あべたけひさ）さんは、建設の効果は大きく三つあったと語る。

一つ目は、選果基準の統一だ。

「集約して一元管理できるようになり、ＪＡごとの品質の差がなくなってきた。出荷する市場からは『今の方がいいですね』と評価してもらっています」（阿部さん）

二つ目は、量を確保することで、特売の対象になったり、チラシに掲載されたりする機会が増えたこと。愛媛県内はもちろん、関西圏を中心に「指名買い」されるようになった。

以前は「愛媛県産伊予美人」と銘打ってチラシに載せてもらいたくても、量販店が欠品のリスクを恐れて「愛媛県産ほか」と記載したり、他県産と組み合わせて売られたりすることが多かった。

「それが出荷の単位が大きくなって、量販店に県名とブランドをセットにしてチラシを作ってもらいやすくなり、売り場の確保にもつながっている」（阿部さん）。

三つ目は、新たに栽培を始める農家が増えたこと。とくに、もともと選果場のなかった三ＪＡで、栽培する農家が徐々に増えてきた。参入の最大の障壁だった選果作業を任せられるからだ。

選果場には他県からの視察も多い。

「人手不足と施設の老朽化という問題があるので、建て替えるときには集約化を図る。これが、どこの県にも共通した方向性じゃないか」（阿部さん）

農林中金総合研究所の調査によると、施設の共同利用が北海道から九州までの広い地域で見られる。ＪＡ広島ゆたか（広島県呉市）のレモンを、ＪＡあづみ（長野県安曇野市）がリンゴの貯蔵施設がすいている時期に貯蔵し選果するという県を越えた連携まで生まれている。

人口減少に伴って、加工・業務用の需要が膨らむなか、実需が求める出荷のロットは大きくなっていく。産地がその需要に応えるには、ＪＡの単位を超えた広域での連携という選択肢が一層重要になる。

第四章　大規模化への備え

1　集落営農の将来像

日本では、農家の高齢化と減少を背景に、残る農家や農業法人が急速に規模を拡大している。大規模化という流れは、さらなる離農の加速とともに、大きな潮流となっていくだろう。本章では、大規模経営を続けていくうえで参考となる事例を紹介していきたい。なお、誤解されがちなので、規模の大小に優劣はないことを最初に断っておく。

地域の農地の維持や管理をする組織として、全国には「集落営農」が存在する。これは、辺

図表4-1　集落営農数及び集落営農に占める法人の割合の推移（全国）

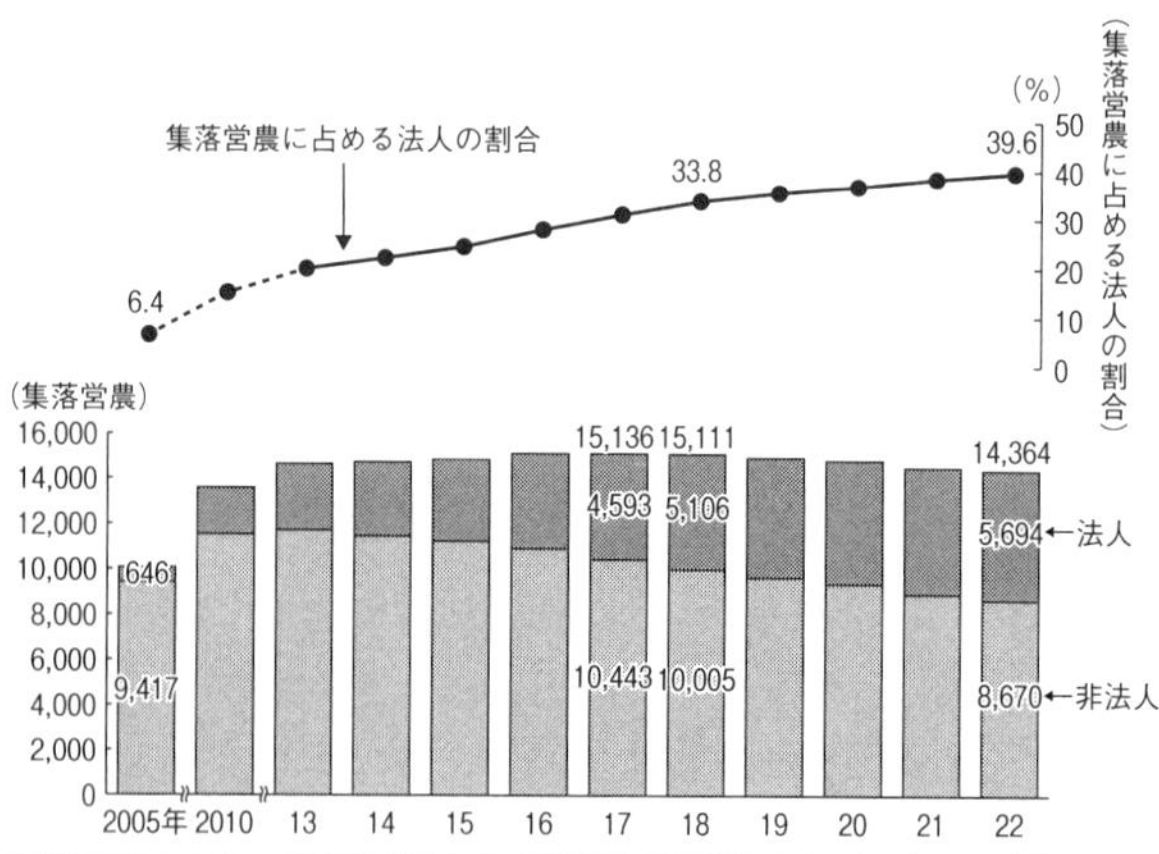

「集落営農」とは、集落を単位として農業生産過程における一部又は全部についての共同化・統一化に関する合意の下に実施される営農を行う組織をいう。
農林水産省「令和4年集落営農実態調査結果」

り一帯の農家らが単独では営農を継続しにくくなった結果として組織されることが多いため、地域の農業にとって「最後の砦」ともいわれる。

ただ、さまざまな調査の結果によると、集落営農の多くは、後継者の不在や構成員の高齢化などで存続の危機を迎えているようだ。二〇一七年には全国に一万五一三六あった集落営農も、二〇二二年には一万四三六四にまで減っている（図表4-1）。最後の砦がなくなることは、誰も耕さない広大な農地がぽっかりと生まれてしまうことを意味する。

これから、そうした危機的な事態があちこちで起きることが確実視されるなか、地域の農業を守るにはどう対処すればいいのか。

そのヒントを探るため、まずは広島県で法人化した一つの集落営農を紹介したい。ほかの集落営農と違って若い力に任せて、従来の枠にとらわれない発展を遂げている。

二九歳で集落営農法人代表に就いた元ＪＡ職員の経営改革

広島県東広島市にある重兼農場の山崎拓人（やまさきたくと）さんはいま、集落営農法人の代表としてはおそらく最年少だろう。就任したのは二〇一八年四月、まだ二九歳の時である（写真17）。

写真17　山崎拓人さん

多くの集落営農法人が構成員の高齢化と後継者の不在から存続の危機にある中、まずは黒字経営を続ける同農場から若返りを図る要点と利点を学びたい。

銘酒が醸される「酒都（しゅと）西条」を抱える東広島市の東部に位置する高屋町重兼。重兼農場は一九八九年、この地区の農地を一手に引き受ける、いわゆる「ぐるみ型」の集落営農法人として県内で初めて誕生した。「ぐるみ型」とは、集落の農地全体を一つの農場とみなして、一括して管理・運営する集落営農を指す。「集落一農場型」ともいわれている。

経営耕地面積は六〇ヘクタール。創業以来黒字を続けているという点で、集落営農法人としては珍しい存在だ。黒字化できている主な理由に触れると、過剰な設備投資を避けてきたことがある。

その挿話として、設立前に地元のJA広島中央との間でこんなことがあった。重兼地区の住民らは近い将来に集落営農法人をつくることを決めていたので、JAには農家に農機の営業をするなと言い含めていた。設立に携わったJA広島中央営農販売部の中土敏弘さんは笑いながら、「もし売ったら、以後は一切農協から買わないからなと言われましたからね」と語る。

一方、山崎さんは「内部留保が潤沢だったことも入社の決め手になりました」と振り返る。

山崎さんが生まれたのは、重兼農場が創業した一九八九年。山崎家もまた構成員としてこの集落営農法人に加入していたので、「祖父母が農作業をしている姿を見たことがありません。父は農業とは関係のない自営業。だから自分が農家だと思ったことは一度もありませんでした」。

こう振り返る山崎さんが、初めて農業と触れ合うことになったのは高校時代。アルバイトで重兼農場の農作業を手伝うようになり、農業への関心が芽生えた。重兼地区に住み続けたいという思いもあったことから、大学を卒業後はＪＡ広島中央に就職した。

ところが、四年後に重兼農場に転職。さらに三年目には弱冠二九歳で代表に就く。背景には、ほかの集落営農法人と同じく、超高齢化と後継者の不在があった。

事業承継を揺るがした定年延長

前任の代表・本山博文（もとやまひろふみ）さんは当時七七歳で、組織内を見渡してもほぼ同じような年代の人ばかり。

これには、二〇一三年の改正高年齢者雇用安定法が強く関係している。

集落営農法人を設立するに当たり、当然ながら将来の経営継承については見通しを立てていた。息子の世代の誰がいつ、どの時期に企業や団体を退職して、常勤として働いてくれるようになるかということだ。

とはいえ、予測通りにいかないのは世の常。とくに大きく外す結果を招いたのは、同改正法によって企業や団体での定年が段階的に六〇歳から六五歳になるとともに、年金の支給を始める年齢も順次引き上げられたことだ。

「年金の受給開始が延長されていったことで、会社や団体の社員や職員は六〇歳で退職できなくなってしまいました。早期退職しても、年金はすぐに支給されないからです。集落営農法人の給料は安いから、年金がなければ生活していけないんですね」

こう語る中土さん自身も六〇歳を超えて定年を迎えたものの、JAに勤め続けている。近隣にある別の集落営農法人の構成員でもあることから、地域の農業の行方には切実な不安を抱く。

「退職を七〇歳まで引き上げるという話もあり、それこそ農業をする人がいなくなるのでは」

後継者が不在だったことから、重兼農場の元代表・本山さんは仕方なく地域外にも求人をかけた。山崎さんは、それを知った時に転職を決めた。

「もともと自分のなかで地元で農業をしたいという気持ちが生まれていた。外から人を入れるくらいなら、自分が応募しようと思いました」

こうして突如、創設当時の人ばかりで活動してきた重兼農場に、息子ではなく孫の世代の後継者が入ってきた。多くの集落営農法人の運営を支援してきた中土さんはこう打ち明ける。

「重兼農場は珍しくうまくいったケースですね。私の地元の集落営農法人含めて、二世代、三世代での同居が少なくなり、それに伴い若い人も少なくなりました。後継しようにもできないところが増えています」。

では、そうした集落営農法人では諦めるしかないのか。山崎さんは、まずは足元を確かめることを勧める。

「集落営農法人の代表や理事が知らないだけで、ひょっとすると息子や孫が近いうちに戻ってきたり、働き先を探していたりする家があるかもしれない。まずは各戸に後継者となる人がいないか聞き取りをすべきですね」

†若手の雇用と経営の効率化

もう一つ言及したいのは、代表が孫の代まで若返りしたことで良かった点だ。山崎さんと中士さんによれば、その一つは雇用における地域の壁がなくなったこと。もう一つは、それと関連して経営の効率化と収益の向上が図られたことだという。

山崎さんの代になって、初めて重兼地区以外の人材を雇用するようになった。これまでに二〇～四〇歳代の三人が入社している。

その原資は経営の効率化で生み出した。

一例を挙げれば、ＩＣＴの活用がある。電子地図を活用して誰が、いつ、どこの田で、何をするのかといった情報を管理する。一連の情報について、農機を運転する人はスマートフォンで確認できる。以前は、紙の地図を使ってきた。山崎さんは「紙だと、よその田で間違って刈り取りすることが結構ありましたね」と振り返る（写真18）。

さらに、個人ごとにその日の仕事の目標を設定するようにした。「仲間内だと、だらだらと過ごしてしまうことがあるので、目標の設定は大事です」

こう語る山崎さんが、重兼農場に転職してきたころと前後して、集落営農法人の次なる段階への構想が動き出していた。

　これまで、集落営農の組織は二階建ての建物に例えられてきた。一階部分は農地の利用調整や環境保全などの公益機能を、二階部分は農業の生産・加工や販売を担う「二階建て方式」という仕組みだ。

写真18　農作業を管理するアプリ

　これに、ＪＡ広島中央と住民、それぞれの「地域の農地を守り、引き継ぐ」という共通の思いが重なり、必然的に各集落営農法人から広域的に作業を受託する「三階部分」を生み出す。続けて、集落営農の将来像について考えてみたい。

†集落営農の将来像「三階建て方式」とは

　東広島市における集落営農法人の誕生は、一九八九年の重兼農場を皮切りに、二〇一九年度末までに三三法人を数え、いまではすべての町に存在している。同市と三原市大和町を管内とするＪＡ広島中央の管内にまで広げると、その数は四五に及ぶ。中山間地の農業をまさに集落営農法人が支えている構図である。

ただ、すでに紹介したように、いずれの集落営農法人も高齢化と人手不足に加えて、定年と年金支給の延長のあおりを受けて、いまの体制では組織を継続的に運営することが難しい状況にあった。

山崎さんが二〇一六年に入社した当時を振り返る。

「少なからぬ集落営農法人では誰か一人が病気で倒れたら、次の日から作業が回せない心配があります。集落営農法人からの作業を請け負う広域の組織が必要だったんです」

そこで、山崎さんの先輩らが重兼農場はじめ五つの集落営農法人とＪＡ広島中央とともに共同出資してつくったのが、各法人が管轄する地域からの農作業を一括して受託する株式会社ファームサポート広島中央だ。

その前身は、二〇〇九年に五つの集落営農法人でつくった任意組織のファームサポート東広島。米価が低迷する中でも生き残れるよう、集落営農法人同士が機械を共同で利用することで、経費を削減することを目的とした。当時、ＪＡが各集落営農法人が所有する機械の稼働率を調べると、半分は使っていなかった。

余談ながら、ＪＡでは独自に受託組織をつくる案も浮上していた。ただ、すでに同様の組織としてファームサポート東広島があったことから、農家組合員と競合するのを避けるため、既存の組織に出資することにした。

集落営農の発展にとって、ファームサポート広島中央は、新たな段階から誕生した組織といえる。

全国の集落営農の組織としての体制はおおむね「二階建て」となりつつある。つまり、一階部分は農地や水といった地域資源の管理などの公益機能を、二階部分は農産物の生産や加工、販売などを担う。

これまで、二階部分については、高齢などを理由に住民ができなくなった農作業を集落営農法人が請け負ってきた。

ところが、設立から時間を経て高齢化や人手不足が進み、集落営農法人も受託するのに限界を感じるようになった。

そこで、各集落営農法人から受託する「三階部分」といえるファームサポート広島中央のような組織が誕生したのだ。

これは、集落営農にとって新しい概念のようで、農林水産省の担当者に聞いても初耳のようだった。

ただ、山口県では県を挙げて組織化が進んでいるほか、兵庫県たつの市ではこれからつくるという話を聞いている。全国の集落営農法人が置かれた状況を思えば、ほかの地域でも必然的に誕生していくに違いない。

†JA出資型にした訳

ファームサポート広島中央の事業は、出資する五つの集落営農法人や当該地域の農業法人、JAなどから農作業を受託すること。主には田植えや稲刈り、ドローンによる防除、土壌改良剤の散布である。

機械は、集落営農法人から借り上げ、時間当たりの利用料を支払う。ドローンは自社で中古品を一機所有する。残りはJAから借りている。機械の移動はJAに、格納は各集落営農法人かJAに委託している。

実際のところ、ファームサポート広島中央の実務は、ほかの集落営農法人と比べて、経営体力がある重兼農場がこなしている。

そうであれば、共同出資の法人をつくらずとも、重兼農場がほかの集落営農法人から受託するようにしてもよかったのではないだろうか。この疑問についてファームサポート広島中央の取締役でもある山崎さんは、「それはよく言われるんです」と前置きしたうえで、次のように答えた。

「JAが出資するのは大事です。一つは看板を借りられるから。重兼農場だけだと、ほかの地域での信用度が低い。もう一つは、事務作業が楽になるから。というのも、作業受託の依頼の多くはJAを通して舞い込んでくるからです。もともと人員が少ないところに事務までこなすとなると、大変ですからね。それから、JAの施設が利用しやすくなるのも利点です」

受託する相手は、JAか農業法人に絞っているのが特徴だ。JA広島中央営農販売部の中土さんはその理由について「集団管理へのいざない」という。

「中山間地の農業は個人では管理できない事態にまで来ています。ファームサポート広島中央が法人からの受託に限っているのは、集落営農法人はじめいずれかの法人に加入してもらおうという意図があるわけです。個人からバラバラに委託されても、作業効率が悪くなる心配もありますからね」

重兼農場は、山崎さんが代表になってから、若い人材が増えて、農機を扱えるオペレーターの数がそろってきた。

一方で、周囲の集落営農法人は若返りが進まず、存続できるか不透明だ。

山崎さんは「その時には、ファームサポート広島中央としてその集落の農業を部分的にではなく全面的に請け負っていく」と力強く語る。

一人の若者の参入には、一つではなく複数の集落の農業を変えるだけの力があるということを教えてくれている。

2　いま兼業農家を育てる理由

それにしても、集落営農は「最後の砦」にしていていいのか。もちろん地域によってはやむにやまれぬ事情でそこに至ったのだろうが、危機的な状況に陥る前にできることもあるのではないか。

長野県上伊那郡飯島町の集落営農法人、株式会社田切農産は二〇〇五年四月の設立以来、田切地区の担い手の主軸となって農作業を受託してきた。受託面積が限界近くにまで達したいま、増やそうとしているのが「兼業農家」だ。地域の農業を支えてくれる人材を育てようとしている。

株主は住民——営農組合の系譜継ぐ

田切農産は、飯島町田切地区の二五〇人以上の住民を株主にして設立された。集落営農法人と言ってしまえばそれまでだが、地域農業の担い手を政策的に支援する「品目横断的な経営安定対策」の施行とともに、補助金目的でにわか仕込みに出来上がった組織とは性質がまったく異なる。同対策が始まる前に地域の要望から生まれた自発的な法人である。

話は一九八六年にさかのぼる。

飯島町では、第二次農業構造改善事業がすべて終わり、一筆平均が二五アールの農地が誕生した。このため、多くの農家は従来持っていた農機具では対応できなくなった。

そこで、兼業農家が中心となり、農機を共同で利用する営農組合が続々と立ち上がる。三年後、それらを束ねるようにして地権者がすべて参加する格好で「地区営農組合」が誕生した。周りの地域では精密機械業やＩＴ産業が盛ん。兼業農家は実に八割に及び、彼らの農作業を地区営農組合が請け負うようになった。

しかし、それから一〇年以上が経ち、営農組合員の平均年齢はいつしか六〇歳を超えるようになっていた。

当時、住民を対象に実施したアンケートで「法人ができたら、農地をどうしますか」とたずねたところ、「五年後までには預けたい」という回答は六割に達した。以上を背景にして、地区営農組合の農業生産の仕事を引き継ぐ格好で誕生したのが田切農産である。

飯島町では農家の代表者や行政、ＪＡなどの農業団体などを会員とする「営農センター」が農業振興の企画と立案をする。田切地区ではその計画を踏まえて地区営農組合が農地の利用調整を進め、田切農産が農業生産と農産物の販売を担っている。集落営農の仕組みで言うところの「二階建て方式」である。

†農地の維持管理が困難になる予想

二〇一三年に初めて田切農産を取材したとき、地区の農業はこの体制で当面はうまくいくように思えた。ただ、様子は少し変わってきたようだ。代表の紫芝勉（ししばつとむ）さんはこう語る（写真19）。

写真19　紫芝勉さん

「これからは農地を貸したい人が一気に増える感じがしてきました。そうなったときに困るのは借りる側の負担が大きくなること。景観維持のための草刈りなどにかかる負担が年々きつくなっている中、引き受ける農地が一気に増えたら、とても対応できない」

これまで、地権者が加入する地区営農組合と田切農産の関係は一方通行だった。地区営農組合が利用調整した農地について、田切農産が農業の生産だけではなく草刈りなどの管理も引き受けていた。

ただ、経営面積は七年前の九〇ヘクタールから一〇〇ヘクタールに広がり、「経営規模としてはいまがちょうどいいサイズで、これ以上になると厳しくなる」と紫芝さん。

†地区営農組合を一般社団法人化した訳

そこで、二〇一五年に踏み切ったのが、任意組織だった地区営農組合の一般社団法人化だ。法人化した理由はいくつかあるものの、ここで注目したいのは地区営農組合も農作業を受託できるようにしたことだ。任意組織だと、受託はできない。これによって、地区では田切農産や専業農家以外にも農作業の委託先ができた。

とはいえ地区営農組合は、大型農機を所有していないので、田植えや稲刈りなどはできない。それらは田切農産に委託し、人手を多く要する草刈りや溝さらいなどを専ら請け負うようにした。

それには、人手が欠かせない。そこで、組合員の対象を全住民に広げた。それまで組合員にしてきた地権者だけではなく、その家族や地権者以外は准組合員として加入できるようにした。組合内では「草刈りサポーター」という集まりを結成。地区営農組合が発注し、サポーターは働いた時間に応じて賃金を受け取る。

准組合員になった人はサラリーマンやその家族が少なくない。彼らは、多少なりとも農業で収入を得るようになったので、いまや立派な兼業農家である。紫芝さんの狙いはここにある。

「できるだけ多くの人に主体的に関わってもらう。それがこれからの地域と農業の振興にとって必要なことだと思っているんです」

地区営農組合が田切農産から草刈りなどの作業を依頼されるといったことも生じるようになった。かつて一方通行だったのが、いまでは双方向の関係が築かれているのだ。

†「アグリワーケーション」

紫芝さんは「新たな兼業農家をつくりたい」と話す。そのために、町や関係機関とともに構想を練るところから始めたのが「アグリワーケーション」だ。

仕事と休暇を組み合わせる働き方「ワーケーション」。これに農業を取り入れる「アグリワーケーション」を推進する事業が始まっている。長野県飯島町では二〇二一年度から、将来を見据えた目的は担い手づくりにある。

飯島町の中心部から西に向かい、左右に棚田を眺めながら上っていった標高八〇〇メートル近くに六〇〇〇平方メートルほどの開けた場所がある。東は南アルプス、西は日本アルプスを望む絶景だ。

二〇二一年四月、ここに五棟のトレーラーハウスと、その前面の敷地にはそれぞれ家庭菜園と呼ぶような広さの畑が用意された。「アグリワーケーション」の拠点となる「i・i（いい）ネイチャー　春日平」（写真20）だ。

運営するのは、町と集落営農法人・田切農産、JA上伊那、観光協会など九団体でつくる「飯島流ワーケーション」推進協議会。四月から、トレーラーハウスの宿泊者を募集している。最大五人が宿泊できる一棟当たりの料金は一泊二日で二万円（長期滞在は割引あり）。

紫芝さんの案内でトレーラーハウスを見せてもらった。間取りは二DK。寝室に二台のベッド、ロフトに布団を用意している。このほか冷蔵庫や洗濯機のほか、調理器具一式がそろっているので、長期の滞在も可能だ。

宿泊施設をトレーラーハウスにしたのは、一棟当たり約八〇〇万円と、通常の建築物と比べて安価であるため。固定資産税がかからず、移動できることから災害時に仮設住宅として利用できることも理由だ。

ここの売りは、追加料金を払えば、野菜の収穫や田植え、稲刈り、蕎麦打ちやわら細工、山や川の散策など農山村に関するプログラムを体験できることだ。地元の住民がその指導や案内

写真20　「ii ネイチャー　春日平」にある菜園

をしてくれる。どんなプログラムが体験できるかは、同協議会のサイトで公開している。町地域創造課は「体験プログラムは宿泊者の要望に応じて、アレンジも可能」と話す。

開業以来、宿泊するのは個人客が多い。ただ、夏休みには団体客の予約が入っているとのこと。

†離農の増加を不安視

紫芝さんはアグリワーケーションの事業についてこう打ち明ける。それでも始めたのは、新たな担い手を増やしたいからだ。

「決して儲かるものではない」

飯島町田切地区ではこれまで、兼業農家の数は、これまでさほど減らなかった。ただ、その平均年齢を踏まえると、「数年後から減っていく」とみている。

ここに来て、この事態に追い打ちをかけそうな事態が米価の下落と肥料の高騰だ。

「二〇二一年産の米価は過去最低だった。最も危惧しているのは、二二年産も二一年産と同等程度の米価になること。というのも、肥料が高騰していて、一〇〇％アップしている商品もある。このまま作っても赤字という状況が続けば、今年や来年で兼業農家が一気に農業を止めてしまうことが心配だ」

これまでは、田切農産が離農する人たちの受け皿として機能してきた。その結果、管理する面積は一〇〇ヘクタールに達した。ただ、紫芝さんは「もう限界に近い」と感じている。

「何がきついかといえば、耕作以外の畦草刈などの管理作業。田植えや稲刈りなどの部分作業なら問題ないが、全面受託や畦畔管理だけの作業受託となると、これ以上面積が増えるのはしんどい。地域に新しい人材が入ってこない限り、農地を維持していくことは難しい」

†順天堂大学の協力で、企業向けに社員のストレス軽減効果を実証

そこで始めたのが、アグリワーケーションというわけだ。

当初構想していたのは、企業と提携して、その社員に一時的に移住してもらうこと。社員は、平日は本業の仕事に、土日祝日は農作業に従事する。生産した農産物は勤務先の企業や知人に販売するなどして、年間一五〇万円程度の副収入につなげる。いずれは飯島町に根付いてもらい、本格的に農業を始めてくれる人が出てくることを思い描いている。

「企業を呼び込むには、提携するメリットを示さないといけない」と紫芝さん。

そこで、同協議会は、順天堂大学の協力を得て、農山村体験がストレス軽減にどれだけ効果があるかを実証することも始める。アグリワーケーションに参加した社員の唾液を取り、専用の機器を使ってストレス軽減の効果を計測する。企業にその結果を示すことで、長期的な提携

関係を結んでいくつもりだ。

同協議会は今後、企業を訪問し、提携関係を打診する予定。

一方で既述のとおり、個人客も募集しながら、多方面から将来の担い手を発掘する試みを続けていく。

3　農業法人が稲作専門の作業管理アプリを開発した理由とは

稲作の作業を管理することに特化したアプリケーションが誕生した。開発したのは、農業法人の株式会社米シスト庄内（山形県庄内町）とソフトウェア会社の株式会社エス・ジー（東京都港区）だ。類似の製品がすでにいくつもある中、なぜ自前でつくったのか。

米シスト庄内は、山形県庄内町にある四二ヘクタールの水田で稲だけを育てている。このほか作業受託を含めた集荷面積も合わせると一〇〇ヘクタールに及ぶ。通年で管理する田んぼの枚数は一四〇枚、作業受託も含めると三〇〇枚近くに及ぶ。

専務の佐藤優人さんは、都内の大学を卒業後、父の彰一さんが代表を務める同社で働くため地元に戻ってきた（写真21）。

彰一さんから農作業について教わるものの、「父が現役のうちに、三〇〇枚もの田んぼの特徴や作業の段取に関する情報や経験で培った知識や勘をすべて引き継ぐのは無理だなって思いました」。

それは、新たに入ってくる従業員についてはなおさらだ。佐藤さんは、帰郷した際、大学の同級生を従業員として連れてきた。

「同級生は慣れないもんだから、社長からよく怒られるんです。でも方言で指摘されるから、

写真21　佐藤優人さん

すべては理解できないんですよね」

†既存の製品は使いにくかった

そこで、まずは既成の製品をいくつも試してみた。いずれも農機を操縦するオペレーターがスマートフォンなどの端末を利用して、圃場一枚ごとに田植えや農薬の散布、稲刈りといった作業を随時記録するものだ。作業が終わった段階で入力すれば、社内でそれぞれの作業の進捗状況を共有できる。また、記録から過去の作業を振り返り、反省の材料を次の作付けに活かせる。

ただ、佐藤さんは試した既製品について、「いずれも使いにくかった」と打ち明ける。そう感じた最大の理由は、ユーザーインターフェースへの不満だ。

「たとえば作業を記録するのに、選択肢が多すぎる。初めに作物を選ばなくてはいけないことからして面倒だし、しかも作物ごとに作業項目が数多くあるので、選ぶのが大変だった」

ほかには画面に映し出される圃場マップが小さくて、見えにくい。

複数の圃場で同じ作業をした場合にはまとめて入力したいが、それもできなかった。なぜなら一つの圃場を選択して、一つの作業を入力するという仕組みになっているからだ。

「私にとって入力が煩雑なら、父であればなおさら。父が使えなければ、その経験と勘を言語化できない。さて、どうしようかなと思いました」

そんな悩みを抱えていたときに出会ったのが、エス・ジーの松下泰三（まつしたたいぞう）さんだった（写真22）。

エス・ジーは米シスト庄内が事業として展開していた田んぼのオーナー制度「MY PADDY YAMAGATA」の会員となっていたので、松下さんは田んぼのオーナーとして米シスト庄内を訪ねたのだ。

余談になるが、同制度は、年会費（非公開）を払えば、五アールの田んぼを「所有」するオーナーになれる。普段の管理をするのは米シスト庄内。オーナーは、いつでも田んぼに来て、農作業を手伝える。希望すれば、田んぼの状況を撮影した写真を配信してくれる。出来秋には新米が届けられる。

松下さんが米シストを訪問した際、佐藤さんからアプリの開発を相談された。全国の稲作農家が自分と同じような悩みを持っていることも。松下さんは「なにより優人さんが熱心だった。それに、そういうアプリがあれば便利で、潜在的なマーケットは存在すると感じて、開発することにしました」と振り返る。

写真22　松下泰三さん

米シスト庄内とエス・ジーが二〇二一年二月に発表したそのアプリは「RiceLog（ライスログ）」。もちろん、先ほど挙げたような課題はすべて克服している。

たとえば作業記録を入力する項目の数は必要と思われる最小限に絞ってある。利用者が足りないように感じたら、自分で追加できる。加えて、圃場ごとに作業の進捗状況や栽培を始めてからの積算温度を随時把握したり、従業員に作業の指示を出したりする機能を持たせている。

†要望があれば、麦・大豆作の経営体にも対応

利用料は安価にした。田んぼの枚数や入力する数などに関係なく、一契約当たり年間五五〇

○円。松下さんは「おそらく業界最安値。利用料を抑えることで、多くの農家に使ってもらいたかった」と語る。
アプリをGPSと連動させて、従業員の間で互いの農作業の進捗状況を即時的に共有できる仕組みもできている。

さらにIoTベンダーと協業して、田んぼの水位を計測するセンサーと連動させることも計画している。田んぼを見回りに行かなくても、水位のデータを把握できるようにする。

取材して一つ気になったのは、このアプリの最大の特徴である稲作に特化している点だ。米シスト庄内のように稲作だけであればそれで十分だが、全国的に多くの経営体は麦や大豆なども作っている。アプリを普及するなら、利用者が限定的になるのではないだろうか。

松下さんに率直に尋ねたところ、次の答えが返ってきた。

「要望があれば、麦や大豆にも対応するつもりです。ただし、『RiceLog』にそれらの機能を追加するのではなく、麦用と大豆用に特化した別のアプリを作るのではないかな、と思っています」

既製品の課題を克服して、品目に特化したというアプリはどれだけ広がるか。今後を注視したい。

4　労働生産性の向上に不可欠なデータ

続いて、水田作以外の取り組みも見ていこう。まず紹介するのは、青森県弘前市でリンゴを作る「もりやま園」だ。経営面積は九・七ヘクタールで、青森県平均の約九倍である。代表の森山聡彦さんは、広大な園地を管理するため、データを駆使して農業生産工程の管理と分析をするアプリケーション「Agrion（アグリオン）果樹」を開発した。まずは、その動機とともに、日本の農業が抱える労働生産性の低さについて触れていきたい。

†農業の時間当たり労働生産性は「最低の中の最低の水準」

「地域創生×ＩＴ」を掲げるライブリッツ株式会社（東京都品川区）が提供するサービスの一つに、スマートフォンで農作業の記録を付ける「Agrion 農業日誌」がある。「Agrion 果樹」は、これを果樹向けに改良したものだ。

利用者は、木一本ごとに「ツリータグ」と呼ぶＱＲコードを貼った標識を吊るす。木一本ごとにデータを取るのは、一つの畑で複数の品種を栽培しているため（写真23）。まずは、スマートフォンでＱＲコードを読み取り、品種と場所を登録する。以後は、その木の管理に訪れるたびに、QRコードを読み取って作業を記録させていく。収集したデータは管理されるだけではなく、労働生産性という観点からさまざまな分析まで行う。その詳細は後ほど紹介するとして、まずは森山さんがこのアプリを開発するに至った動機をたどりたい。

それは、まさしく日本の農業が宿命的に抱えてきた労働生産性の低さという課題を乗り越えることにある。森山さんがこれに関して説明するため、見せてくれた資料は公益財団法人・日本生産性本部が毎年公開している「労働生産性の国際比較」。資料の作成に当たって参考にした二〇一八年度時点で、日本の時間当たりの名目労働生産性は四六〇〇円だった。「これは主要国で最低。しかも五〇年間ずっと最低だそうです」

さらに日本の農林水産業の時間当たりの名目労働生産性は一五〇〇円。全産業の中で最も低い。「つまり農業は最低の中の最低の水準にあるというわけです」

写真23　木１本ごとに「ツリータグ」と呼ぶQRコードを貼った標識を吊るしている

†大多数の農家は労働生産性を考えない

森山さんによれば、農業の労働生産性の低さは農家の意識が関係している。

「ほとんどの農家は労働生産性について考えていません。むしろ労働生産性とは逆行しているといえる、ものづくりへの情熱や自負が支配しています。農業の高齢化と人手不足の根本的な原因はここにあるのではないでしょうか。最低賃金にも満たないような稼ぎなので、光熱費や農薬代、肥料代などを支払えば赤字になるのは当たり前なんです。それでも続けられるのは人を雇っていないから。農家の仕事は無償の家族労働で成り立ってきたわけです」

こうした日本の農業が抱える反省は、森山さん自身の経営から生まれたものである。

†リンゴづくりから離れられなかった訳

森山さんは一〇〇年以上続くリンゴ農家の生まれ。弘前大学農学生命科学部を卒業後、実家で仕事を始めて、六年前に父から経営を引き継いだ。

その時点で経営面積は八・九ヘクタール。青森県で農家がリンゴを作る平均的な面積は一・一ヘクタールなので、ざっと八倍に相当する。

これだけ大規模の経営が成り立ってきたのは、「無償の家族労働があったから」と森山さん。両親は一年を通してほとんど休まずに働いてきた。

森山さんが経営を引き継いだ時点で、両親は引退。代わって法人化して、人を雇うようになった。

結果、初年度で八〇〇万円の赤字に陥る。後ほど紹介する、ロボットや人工知能などの先端技術を導入した「スマート農業」や加工品の開発と販売が軌道に乗るまでの五年間は赤字経営が続いた。

「儲からないのであれば、農業はやるべきではない」

そう言い切る森山さんが別の仕事を選ばなかったのは、父が五〇年前に宅地に転用する話を持ちかけられた時、地域を挙げて反対運動を起こしたから。当時は高度成長期。住宅での需要の高まりから宅地への転用の期待が高まっているころだった。

もりやま園がある場所は弘前駅から一五分ほど。いま周囲を見渡すと、学校やホームセンター、住宅などが立ち並ぶ市街地である。そのほとんどはもともと園地だった。

「父は農林水産省にまで乗り込んでいって市街化区域に入る計画を覆してきたんです」

†「Agrion 果樹」の原型の開発へ

では、森山さんの父はなぜ反対したのか。じつは、もりやま園の隣にある弘前大学の学生寮がある場所は、もともと「リンゴの神様」と呼ばれる外崎嘉七(とのさきかしち)（一八五九－一九二四）の畑があった場所だという。

外崎は、それぞれ病害虫と褐斑病を防ぐ袋掛けとボルドー液の散布など、現在の栽培の基礎を築いた人物である。

もりやま園の辺りは、言ってみれば「リンゴ栽培の発祥の地」。森山さんは、「だからこそ父はここの農地をなくしてしまってはいけな言ったんです」と振り返る。

ただ、これは、後継者である森山さんにとって大きな責任がのしかかることでもあった。「転用に反対して五〇年が経っていますが、私は有無を言わさず農業をせざるを得なくなりましたからね」

森山さんは、代替わりする以前から、無償の家族労働に支えられる経営をするつもりはなかった。

その証左として、二〇〇八年からポケットに入るくらい小型の携帯情報端末を購入して、作業を記録することを始める。「Agrion 果樹」の開発につながる試みだ。

ただ、これは続かなかった。従業員にも携帯させて記録を付けてもらったものの、入力方法がバラバラだったり不正確だったりして、集めたデータを活用できなかった。こうした課題を克服するには使い勝手を良くする必要がある。

そこで、会社を設立する前年の二〇一四年に、地元の商工会議所が主催する「ビジネスアイデアコンテスト」に応募。入賞した補助金で、地元のIT企業に依頼して開発したアプリケーションが「アダム」だ。これが「Agrion 果樹」の原型である。

「アダム」には、使い勝手と普及に関して難があった。

前者は、データの管理はできるものの、分析まではできなかった。

後者は、サーバーが利用者ごとに必要となり、維持管理にかかる費用が高額なので普及しにくかった。

こうした課題を克服するアプリの開発を持ちかけた先が、ライブリッツ株式会社だった。

同様のアプリを提供する数あるIT企業の中から、ライブリッツを選んだのには理由がある。それは、ライブリッツがサービスを提供する「Agrion 農業日誌」が人を重視したデータ管理の手法を取っていたためだ。

「他社のアプリのほとんどは管理の対象が農作物だけど、僕はそれに関心がない。肝心なのは人だろうと。人を見ないでどうやって経営を発展させるんだよって思ってました。会社として大規模な園地を経営する中で最も困るのは、自分がいないところで従業員は何にどれだけの時間を使っているかが見えてこないこと。それを知りたかったんです」
†肝心なのは農作物ではなく人の管理
こうした課題を解決して、「Agrion 農業日誌」の果樹版として誕生したのが「Agrion 果樹」だ。では、もりやま園ではどうやって使っているのだろうか。

†品種ごとの労働生産性が一目瞭然

もりやま園が栽培しているリンゴは四三品種。剪定から出荷するまでのすべての作業について、誰が、いつ、どの程度の時間をかけたかを「Agrion果樹」で記録している。その対象は品種ごとの収穫量にも及ぶ。結果、品種ごとの労働生産性が算出される（写真24）。

「このデータを初めて得た時には感激しましたね。誰も持っていない数字なわけですから」

森山さんはそう語ると、パソコン画面で品種ごとの時間当たりの労働生産性を見せてくれた。「こうとく」一万九五六二円、「ふじ」三六三七円、「北斗」八六二円——。品種ごとの労働生産性の違いが如実に現れていた。森山さんが歓喜したのも当然だろう。

森山さんは、品種ごとの労働生産性のデータを踏まえて、青森県の最低賃金である八〇〇円程度の品種をまずは伐採することにした。その品種は「安祈世（あきよ）」。「これは、作るほどに赤字になる品種です。うちの主力品種である「ふじ」と比べると摘果に二倍の時間がかかるのに、収量は三割少なかった」

植えてあった二〇〇本以上を伐採して改植していった。いまではその植栽本数はほぼゼロになっているという。

「大紅栄も労働生産性が低い。この品種だけで年間三〇〇時間も使っていたんです。一三〇〇

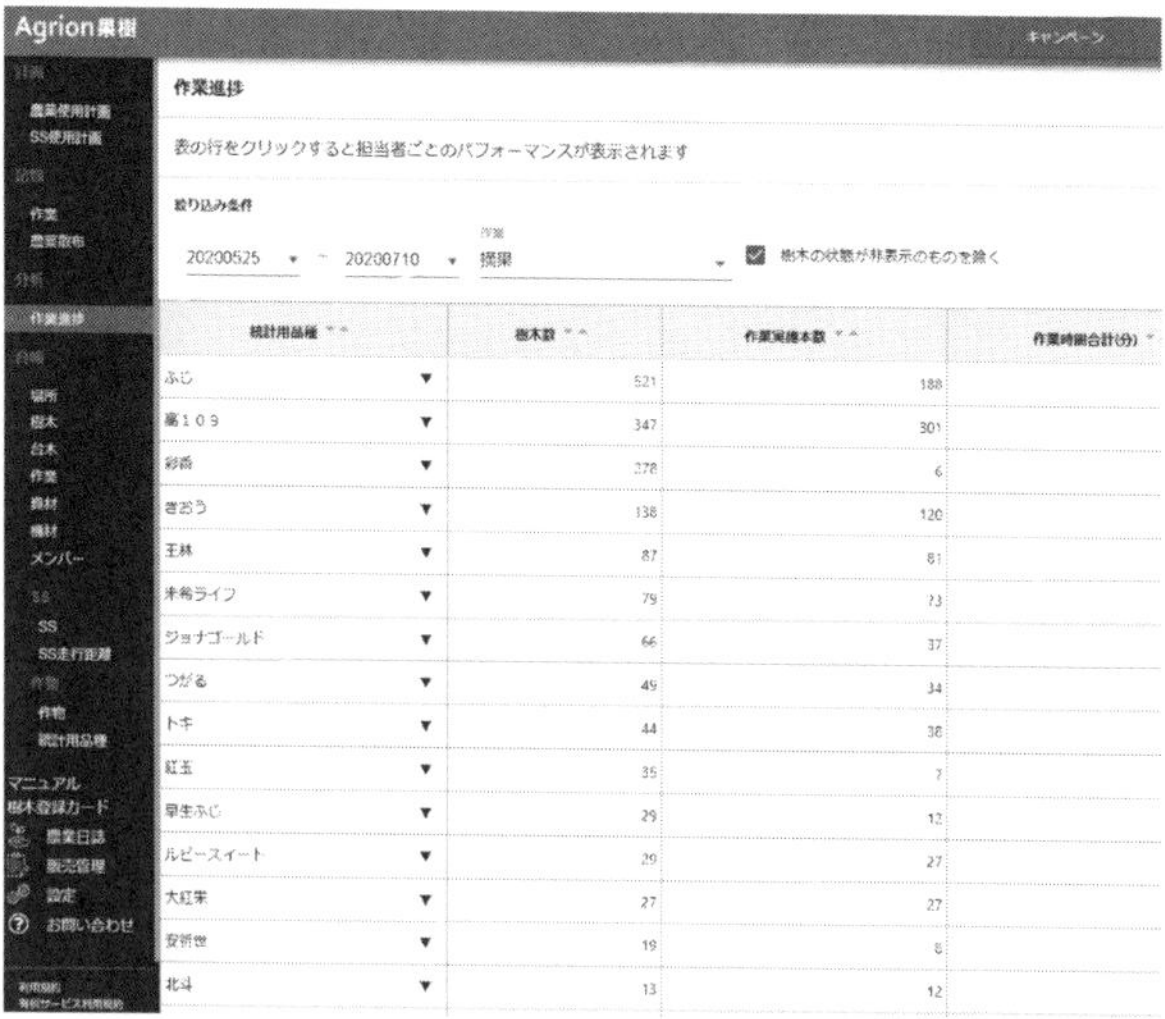

Agrion果樹　キャンペーン

作業進捗

表の行をクリックすると担当者ごとのパフォーマンスが表示されます

絞り込み条件

20200525 ～ 20200710　作業：摘果　樹木の状態が非表示のものを除く

統計用品種	樹木数	作業実施本数	作業時間合計(分)
ふじ	521	188	
高１０９	347	301	
彩香	278	6	
きおう	138	120	
王林	87	81	
未希ライフ	79	73	
ジョナゴールド	66	37	
つがる	49	34	
トキ	44	38	
紅玉	35	7	
早生ふじ	29	12	
ルビースイート	29	27	
大紅栄	27	27	
安祈世	19	8	
北斗	13	12	

写真24　品種ごとの作業時間や残りの作業に必要な時間などが一目瞭然（もりやま園提供）

円以下は止めても支障ない。こうやってつぶしていくと、年間で一〇〇〇時間は削減できてしまうんです」

†作業時期の分散化も考慮すべき材料

一点留意したいのは、労働生産性の高さだけを条件に品種の構成を決めるわけではない。

もりやま園では、品種の七五%が晩生種である。つまり、収穫が一一月に偏っている。森山さんは「作業の偏りをなくすためには九月や一〇月に収穫できる品種を入れる必要があります」と語る。

もりやま園が雇用しているのは、常勤が一一人のほか、弘前大学の学生のアルバイトが多いときで約三〇人に及ぶ。

「Agrion果樹」は人によるパフォーマンスの違い、品種別の作業の進捗状況、推定残り時間、労働生産性、年間の作業の割合などさまざまな角度から分析できる。人や作業班でも労働生産性の違いがみえてくる。

「学生さんは週二日くらいの出勤なので、戦力としては、三人で一人くらいに相当します。無料で使えるグーグル・ドライブ（Google Drive）にリンクを共有して、各自が自分のスマホで出番を入力してもらっています。これにより、事前に集まる労働力と推定残り時間とを突き合わせ、期間内に終わらせられるように募集を行ったり、スタッフに進捗を共有したりしています」

データを蓄積することで、品種ごとに木一本当たりに必要な作業労働時間やその内訳が見えてくる。作業を始めてからは、その進捗状況に加え、残りの作業に必要な時間も毎日更新される。このため、いつ、どの場所に、どれだけの人を配置すればいいのかという計画も立てやすくなる。

森山さんが目指す時間当たりの労働生産性は四六〇〇円。先述の通り、これは日本における全産業の平均値である。森山さんはこの数字の意味について次のように説明する。

「四六〇〇円を超えないと、リンゴ経営を止めてほかの仕事をしたほうがいいわけですよ。農業を産業にするための最低条件だと思っています」

では、もりやま園の現在はどうなのか。森山さんが六年前に父から経営を引き継いだ時は推定で一三〇〇円だった。それが、二〇二一年度には三九六一円になるなど、右肩上がりに伸びている。

データに基づく改植を始めた効果はまだ十分に出ていないので、ここまでの金額になった理由は別にある。シードルやジュースなどを加工する事業を手がけて収益性を高めたほか、これから紹介する自動選果機を導入して労働費を大幅に減らしたことである。

†労働生産性の向上にもっとも寄与した自動選果機

もりやま園が労働生産性をさらに高めるため、期待を寄せるのはまさしくスマート農業だ。自律走行の除草機と自動選果機を使い始めた。いずれは自律直進型の収穫機も導入する予定。森山さんは「スマート農業はこれからのリンゴの経営にとって欠かせない」と言い切る。

「いまのところ最も労働生産性を上げてくれますね」

森山さんがこう評価するのは自動選果機。光センサーを使うことで果実を破壊することなく、糖度や蜜の入り具合、褐変の有無や度合、果実の大きさと色着きの度合などをデータ化してくれる。

もりやま園は一一人の正社員のほかパートとして弘前大学の学生を三〇人ほど雇っている。

とくに仕事に追われるのは収穫時期。木から実をもいでは、果実の大きさと着色の度合など複数の観点から次々に選果しなければならない。

既述のとおり、とくにもりやま園の場合は品種の内訳で晩生が七五％を占めているため、一一月中はこれらの作業で多忙を極める。

問題なのは選果が経験を要することだ。これに関して、森山さんの言葉を借りよう。

「社員と同じレベルで選果するには二年の研修が必要です。選果のポイントについて口で説明して、頭で理解してくれても、実際にやってみると瞬時に判断できない。それだけ観点が多いわけです。だから未経験者は経験者の五倍くらい時間がかかりますね」

結果として、これまで選果に携わったのは基本的に正社員だけ。一一人という人員で九・七ヘクタールという大規模の園地に成るリンゴのどれだけをさばけたかといえば、わずか二五％。すべてを選果するため経験者を臨時で集めたくても、周囲には人がいない。

「だから、残りの七五％は収穫しても加工原料用として『グッバイ』となっていました。加工原料用は安い。だから万年赤字だったんです」

ところが自動選果機の導入によって、「一気に問題解消ですね」。

選果は学生のアルバイトに任せた。正社員一人が指導役として残る。

アルバイトは外観の傷の有無で分け、傷がない果実だけを選果ラインに載せる。これで収穫物はすべて自社で選果できるようになった。

つまり、以前は規格内に入るものであっても選果できずに加工原料用に回すしかなかったのが、青果物として自社で販売できるようになったのだ。これで、販売単価とともに時間当たりの労働生産性を倍以上に押し上げた。

†除草ロボットはネズミ対策に有効

自動選果機の導入には、農林水産省の「スマート農業実証プロジェクト」の補助事業を使った。

同時に、実証試験をしたのは除草ロボット。和同産業株式会社（岩手県花巻市）の製品「ロボモアMR-300　KRONOS」である。

その特徴は同社の説明資料によると、「三輪駆動と独自のタイヤパターンで高い走破性」を有するほか、「超音波センサーで障害物を検知」する。要は凸凹や勾配があり、木が密に植えてある果樹園でも自律走行しながら草刈りをしてくれるというわけだ。電池の残量がなくなりそうになったら、充電器に戻って来るという意味では家庭用掃除機「ルンバ」と同じタイプ。

肝心の除草については「草が残っているところではなく、ランダムに動き回るので、除草としての機能はそこそこ」とのこと。

ただ、森山さんが期待していたもう一つの効果については手放しで評価する。それはネズミ対策。

リンゴ園ではネズミが地中にトンネルをつくり、苗木をかじる。もりやま園でもひどい年には苗木の半分が被害に遭った。「改植し五年かけて育てた苗木がやられたときにはショックで立ち直れないかと思いましたね。隣接する園地が廃業して木を伐採すると、こちらにネズミが大移動してくるんです」

有効とされる忌避剤や殺鼠材を使っても防ぎきれなかった。一方、除草ロボットは想定以上の成果を上げている。

「ネズミは活動するのが困難になりますね。除草ロボットが二四時間休む間もなくあちこち動き回って草を刈って隠れ場所をなくすだけでない。絶えず動いて物音をさせているので、心理的なストレスでいなくなるのではないかと思っています」

†高密植わい化栽培と自律直進型の収穫機の導入へ

さらに労働生産性をあげるために導入を予定しているのは、省力化が期待できる高密植わい化栽培。わい化栽培は、樹高の低い木を近接し合うように植え、収量や作業性を高める。青森県りんご研究所によると、一〇アール当たりの栽植密度は一般的なわい化栽培では一〇〇本程度なのに対して、高密植わい化栽培では三〇〇本程度に増やす。

特徴は一般的なわい化栽培のように、樹の骨組みとなる主枝と亜主枝といった骨格枝をつくらず、下垂方向に誘引した側枝を利用すること。主幹に手が届きやすく、作業が容易になる。二〇二三年一月にあらためて取材した際には、「五年以内にはすべての木を高密植わい化栽培に切り替えたい」と話した。

写真25　木村才樹さんが活用しているリンゴの収穫機

同時に、自律直進型の収穫機も購入するつもりだ。人が操縦せずとも直進するこの機械については、同じく青森県鰺ヶ沢町の木村才樹さんがいち早く導入している。木村さんの経営面積は二二ヘクタールと、「うちほどリンゴを作っている農家はほかにいない」という。

これだけの規模なので機械化は欠かせない。そこで導入した一つが、人が操縦せずとも直進するという、オランダ製の乗用型の収穫機だ（写真25）。

木村さんいわく「センサーで障害物を認識して走る」。

樹と樹の間をゆっくりと走り抜ける間に、車体の左右に立って乗る人たちが樹からリンゴをもいでいく。木村さんは「重いものを持たずに済むので、年齢に関係なく収穫に携われる」と強調する。

もいだ果実は車体のコンベアーに一玉ずつ載せれば、後は自動的にコンテナに入る仕組みだ。コンテナが満杯になった段階で園地に置き、農機メーカー・ボブキャットのフォークリフトで回収。畑の隅でトラックに載せた後、倉庫に運搬する。

森山さんが導入を検討しているのは、オランダ製と同等以上の機能を持つイタリア製の収獲機である。

「リンゴの栽培は五〇年前から何も変わっていないですね。どの産業も人手不足は深刻で、手作業が多くて労働生産性の低い産業から順番に産業間の競争の中で淘汰されているというのに、いつまでも低賃金のまま人海戦術を必要とする作業を続けていけるわけがない。はしごや手かご、コンテナを使わなくても作業ができるようにしたいんです」

森山さんは、さらに続けてこう語った。

「これからはロボットやデータを活用したスマート農業なくしてリンゴの経営が続くはずはない。そういう危機的な段階まで来ています」

森山さんは、スマート農業についてもまずは自らが実績を残すことで、ほかの農家が追随したくなるようにするという。

5　規模拡大の前提となる働きやすい環境づくり

産地にとって供給量は力の源である。農家が急速に減る中、それを維持するには、一戸当たりの生産量を増やすとともに、経営規模を広げることが大事になる。だが、そのために従業員に身心ともに負担をかけるだけでは、経営は長くは続かない。

「従業員がしんどい思いをせず、できるだけ快適に作業ができる環境をつくりたい」。佐賀県伊万里市で大規模にキュウリを作る中山道徳（なかやまみちのり）さんが、これからの規模拡大に向けて強く思っていることだ（写真26）。

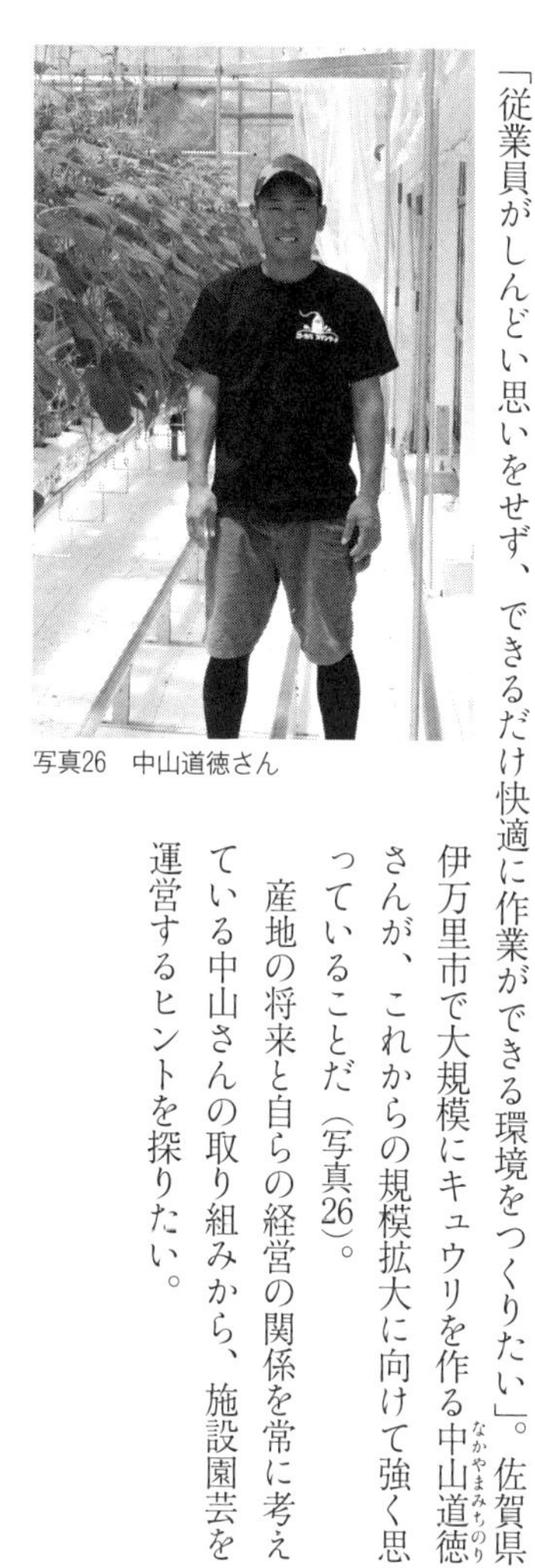
写真26　中山道徳さん

産地の将来と自らの経営の関係を常に考えている中山さんの取り組みから、施設園芸を運営するヒントを探りたい。

†作業環境を快適にしたい

中山さんが計四四アールのハウスでキュウリを作っているのは、出身地の伊万里市大川町。佐賀県で初めて梨の栽培が始まった場所として知られる。

中山さんの実家もまた梨農家。家業は長男が継ぐことになっていたことから、次男の中山さんは地元の高校を卒業後に愛知県の自動車整備士学校に入学。卒業後はトヨタ系列の自動車整備会社に勤めた。

兄が家業を継ぐと、父はもともと野菜に関心があったことからキュウリを作り始めた。これには、経営計画を立てやすくしたいという思いも込めていた。梨は収穫が年に一回だけ。一方、キュウリはほぼ周年で取れる。

中山さんが社会に出て二年後、父が病気の手術で入院することになった。看病に訪れると、勧められたのは実家に戻ってキュウリづくりをすること。

「別に会社を辞める必要はなかったんやろうけど、面白そうだったし、なんとなく農家にあこがれたところもあったけんね」

こうして一〇年前、脱サラしてキュウリづくりの道に入った。

†一年目から三〇トンを達成

周囲が驚いたのは、軒高二・四メートルのハウスで一年目から一〇アール当たりの収量が三〇トンを達成したことだ。JA伊万里のきゅうり部会では当時の平均収量は一八トンだったという。中山さんは「自分は若かったけん、先輩に教わった基本技術をしっかりやったのが収量に結びついたと思う」と振り返る。

脱サラ一年目でこれだけの成果を上げたことは周りの農家に刺激を与えた。

キュウリは儲かる――。そんな噂が広まり、JA伊万里きゅうり部会では従来の会員がとどまり、あるいは新たに入会するようになった。一時は六〇人にまで減っていた部会員数はいまでは六七人にまで回復している。同時に、総生産面積も増えている。中山さんが就農したときには八ヘクタールだったのが、いまでは一二ヘクタールにまでなった。

同部会の売り上げは中山さんが就農した二〇一一年には四億円を切っていたという。それが現在では、最盛期だった六億七〇〇〇万円を超えて、七億円に迫ろうとしている。

概して儲けたいと考えるのは若手だ。このため、JA伊万里きゅうり部会でも若返りが進んだ。

同部会は、全国のJAの生産部会では珍しく、若手だけの集まり「胡青会(きゅうせいかい)」を設けている。

会員は主に五〇歳以下の農家。本部会と比べて、より先進的な技術を学ぶための情報交換会や視察会などを開いている。若手のやる気に応えるためだ。胡青会の会員数は二四人。つまりJA伊万里きゅうり部会の三割以上は若手である。

こうした機運が生まれてきた中、中山さんは個人の経営としても産地としてもさらなる増収を図るため、ハウス内の環境を制御する技術を試験的に取り入れていった。噴霧器や二酸化炭素の発生装置を導入したり、かん水を散水から点滴にしたりといったことだ。

その結果、反収では全国トップクラスの四〇トン以上を達成した。その取り組みを若手農家らが模倣するようになるなど、いまや産地のキュウリづくりを牽引している。

そんな中山さんがいま注力している一つが、作業環境を快適にすることだ。

二〇二二年夏に一年半ぶりに再訪すると、ハウス内の印象が大きく変わっていた。地面は土だったのがコンクリート敷きに、養液栽培の方法は土耕だったのが固形培地耕になっていたのだ。

†夏場の過酷な作業をなくす

変更した理由は、六月から八月にかけての土づくりと太陽熱消毒の作業負担をなくしたかったため。太陽熱消毒とは、土壌の表面を特殊なビニールフィルムなどで覆って、地温を高めることで、病原菌や雑草の種子を死なせる技術である。

「夏に土づくりのため、大量の麦わらや米ぬかを入れるのは、とにかくきついんです。太陽熱消毒にしても同じ。どれくらいきついかといえば、猛暑日にフルマラソンするようなものです。自分は経営者だからなんとかやってきたけど、従業員だったらそんなしんどい思いはしたくないですよ」

こう説明する中山さんは、規模拡大を図り、雇用型経営を進めている。二〇二三年二月には三五アールのハウスを増築して、経営面積を九二アールにまで広げた。「おそらく佐賀県では一番の経営規模になると思います」とのこと。

規模拡大を図るのは、産地の維持と発展のためだ。所属するＪＡ伊万里きゅうり部会は市場出荷が中心。離農が相次ぐなか、産地の信頼を保つには、残る個々の農家が規模を広げることが望ましい。

では、経営面積とともに雇用を拡大したとき、従業員は自分と同じように過酷な土づくりや太陽熱消毒をこなすだろうか。中山さんは「そうなるとは思えなかった」と打ち明ける。

雇用型経営を拡大するため、中山さんは整枝法も改めた。経験値が求められる摘心から、初心者でも適期だけ逃さなければこなせる更新つるおろしに変更したのだ。

別のハウスで先に試したところ、初年度に一〇アール当たり四〇トンの収量を挙げた。過去には最多で四四トンを挙げたこともある土耕栽培の時代に比べると反収は下がったものの、更新つるおろしで四〇トンを達成したことには別の意味で手ごたえを感じている。

中山さんは、「従業員も管理しやすくなったことで、経営面積を広げていける素地ができた」と語る。

†重労働を減らし、暑さを和らげるハウス環境

作業環境を快適にするための工夫を、もういくつか挙げたい。

まず、人が重量物を持ち運びしないで済むようにしている。入り口の向こうにあるのは管理棟。施設内環境の制御盤や養液の貯留槽などを備えた場所だ。ここから栽培棟に向かって真っすぐなレールが敷いてある。収穫物を詰め込むコンテナを載せる台車を行き来させるためだ。

栽培棟に入ると、レールの左右にキュウリが植えてある。片側の直線距離は三二メートル。この数字には意味があるそうだ。

「奥からキュウリを収穫していくと、レールのところまで来た時にちょうどコンテナが一杯になるんです」

畝間で作業をする従業員を見ると、大人の膝上くらいの位置に椅子を搭載した小型の四輪車に座っていた。これはイチゴを収穫するために開発された台車。初期の摘葉に使っている。台

車にはコンテナを載せられ、摘んだ葉を入れていく。

別の畝間には昇降台車があった。人が台車に乗って立ち、ハイワイヤーに巻きついたつるを下ろす。立った時に手元にあるレバーを動かせば、車体が前後に移動する。

さらに気になったのは、鉄骨に白色の塗料を塗っていることだ（写真27）。その目的は二つある。

一つは、太陽光を反射させて作物に当てて光合成を活発にすること。

もう一つは、鉄骨が熱を持つことを防ぎ、とくに夏場に室温が上昇することを抑えることにある。

「ハウスの中のほうが涼しいですよね」。中山さんがこう言うとおり、外気温よりも室温のほうが数度は低い感じがする。

写真27　鉄骨を白くする理由とは

「軒が高い分だけ換気が良いこともあって、ここの室温は外気温よりも低い。土耕で、軒が低いパイプハウスだと、夏場であれば昼から二時くらいまでは暑くて仕事になりません。でも、このハウスなら昼休憩を取ったら、午後一時からすぐに仕事できますよ」

その言葉どおり、従業員は午後一時に昼休憩を終えると、ハウス内に戻っていった。そのうちの一人である中井大樹（なかいだいき）さんは、このハウスの作業環境について、「最高です」と一言。さらにこう続けた。

「夏の暑いときにハウスで肥料をふったりすることが要らなくなった。手数が少ないだけで、だいぶ助かります。土耕でなくなったおかげで辺りが埃っぽくなく、身体が汚れる不快感が減ったこともありがたいですね。それからマルチや灌水チューブを張ることもなくなり、とても楽になりました」

笑顔を見せながら話すその姿が印象的だった。

第五章

外国人、都市住民からロボットまで

1　頼みは外国人技能実習生

人口減少に伴う労働力の不足が、全国の農業現場で顕在化している。外国人技能実習生といった外国からの労働力抜きで成り立たない現場は近年、全国で確実に増えてきた。コロナ禍によって彼らが入国できなくなり、人繰りに窮する産地が続出したことは、まだ記憶に新しい。

そのこともあって、都市住民を農業現場に呼び込んだり、ロボットの導入で省力化する動きが強まっている。人手不足をいかに補うか。本章ではこのテーマを取り上げたい。

†あきらめと開き直り

数年の付き合いになる秋田県大潟村の農業法人の代表に電話をしたときのこと。いつもの明るい雰囲気と打って変わって、その場に漂う緊張感が感じられた。

「いやあ、人手が足りなくて。今も、運送のトラックがとっくに到着して待ってくれているんだけど、荷造りが全然終わってなくてね」

努めて明るく話しているが、その口調から、働きすぎによる疲労感が伝わってくる。それでも悲壮感はなく、なんだか飄々とした感じすら受けるのは、なるようにしかならないというあきらめと開き直りがあるからだろうか。農場に大型トラックが横付けされ、農舎とあけ放たれた荷台の間を従業員と外国人技能実習生数人が段ボールを抱えてあわただしく行き来しているに違いない。

二〇二〇年秋のことである。電話の相手は、大潟村をはじめ男鹿市や埼玉県熊谷市で野菜を生産している農業法人・正八代表取締役の宮川正和(みやかわまさかず)さんだ。現在、その経営面積は一一〇ヘクタールに及ぶ。

同県は、人口減少率と高齢化率がともに日本一。二〇二〇年の国勢調査では、二〇一五年に比べ人口が六・二％減り、過去最高の人口減少率を記録した。

大潟村の周辺にある自治体は、過疎・高齢化が県の平均以上に深刻で、二〇二〇年と一五年の人口を比較すると、その減少率はおおむね一〇%。そのため、労働力の確保が年々難しくなっている。とくに宮川さんは、大潟村の主要作物であるコメをまったく作らず、人手のかかる野菜作りに特化しているだけに、労働力不足の影響を大きく受けてしまいがちだ。
「今まで来てくれていた従業員が、高齢を理由にやめていく。一方で、募集を出してもなかなか応募が来ない」(宮川さん)

†新型コロナの流行

正八は、ネギとともに葉ボタンの生産規模が一経営体としては国内最大級で、年商は一億円を超える。優良経営として農業関連の賞をたびたび受賞する存在でありながら、人が集まらない。これは、人口減少で全国に先駆ける秋田県で、野菜や花卉(かき)、果樹といった労働集約型の園芸作物を手掛ける生産者の宿命といえる。

同社は地元で人手を確保する代わりに、二〇一七年から、ベトナムから外国人技能実習生を受け入れるようになった。

外国人技能実習制度は、発展途上国の出身者が「技能実習」の在留資格で最長で五年間、技術を学ぶしくみだ。技能を身につけた外国人を帰国させることで、現地に技能移転し国際貢献する名目で一九九三年に導入された。だが、現実には、農業や建設業、縫製業などで労働力を確保する手段として使われている。

同社は、二〇二〇年の初頭までは外国人技能実習生八人、従業員と合わせて総勢一六人という体制だった。ところが、経営を揺るがす事態が同年三月に起きる。

新型コロナの流行を受けた水際対策の強化で、三月中旬以降、外国人が来日できなくなってしまったのだ。正八では同年五月にベトナム人の技能実習生三人が帰国予定だった。入れ替わりにフィリピンから三人を受け入れるつもりが、入国の見通しが立たなくなってしまう。帰国予定だった実習生のうち二人は、同年秋までに同社を離れてしまった。

正八は、ほとんどの農産物について、外食事業者といった実需との契約栽培をしている。コロナ禍の初期に外食産業の需要が落ちて、取引が一時的に減ったこともあったが、その後は契約先がむしろ増えてきている。その分の手間が増え、人手不足に拍車がかかってしまった。

派遣業者に頼んで人手を集めようとしてきたものの、希望した人数が集まらない日もある。人が変わるたびに作業の仕方を教えなければならず、仕事が以前のようにはかどらなくなった。やはり、常時雇用が一定の人数以上は必要なのだ。

その後、農業といった人手不足の業種で働ける在留資格「特定技能」を持つ外国人を雇ったり、ベトナムからの技能実習生の入国が徐々に認められるようになったりして、二〇二一年一

○月時点では一一人の外国人を擁している。

†労働力の確保が大きな経営不安に

いまや農業法人が経営上最大の不安要素と捉えるのは、労働力の確保にほかならない。正八も会員になっている公益社団法人日本農業法人協会は「二〇二〇年版農業法人白書」を公表している。「現在の経営課題」を複数回答可として聞き取ったところ、最多の六四％が「労働力」と答えた。これは、「資材コスト」の四六・三％、「生産物価格（筆者注＝の低さ）」三五・三％を大きく引き離していた（図表5－1）。二〇二一年版では「資材コスト」にトップの座を譲ったものの、「労働力」は例年、経営課題のトップであり続けた。

農業の人手不足が顕在化している理由としては、大きく次の二つがあげられる。一つ目は、大潟村のように周辺地域の過疎高齢化が進んでいること。二つ目は、生産者が規模拡大していることだ。

新型コロナの水際対策強化で、二〇二〇～二二年、正八のように多くの産地や生産者が外国人労働者の不足に悩まされた。ただ、この「外国人が来ない」という危機は、コロナ禍がなくても近いうちに現実になるはずのものだった。

宮川さん自身、外国人技能実習生に頼り続ける危うさに早くから気づいてきた。ベトナムの

図表5－1　現在の経営課題

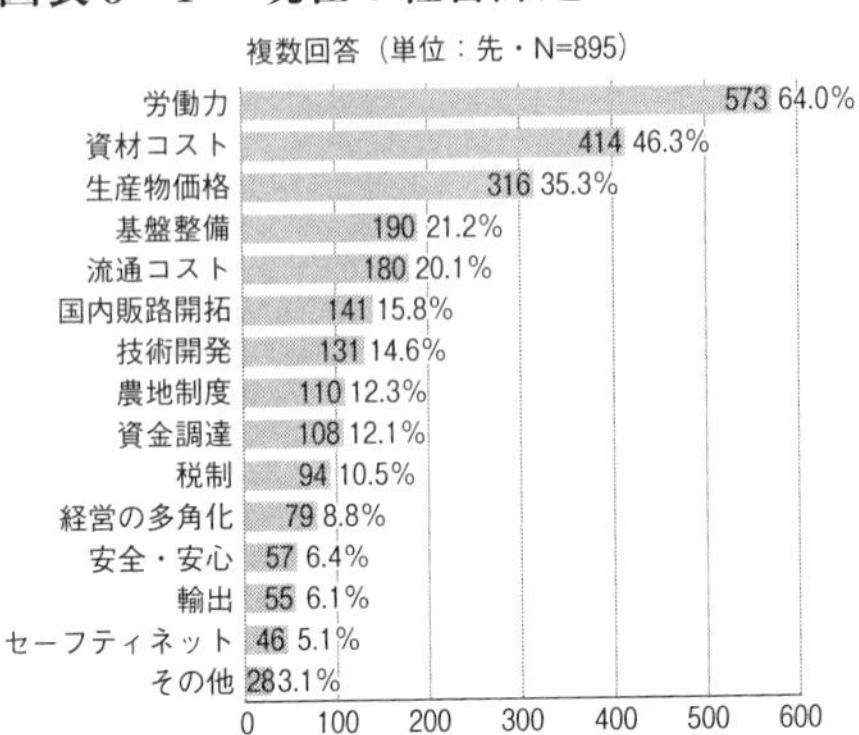

「2020年版　農業法人白書」

賃金上昇で、働き先としての日本の優先順位が年々下がりつつあるからだ。現在の円安はその流れに拍車をかけている。それだけに、こう考えるようになった。

「外国人も単なる安い労働者じゃなく、中堅どころ、幹部になりそうな優秀な人に来てもらえないか」

そこで、宮川さんはコロナ禍前にフィリピンの大学と独自に協定を結び、二〇二〇年春からインターンを受け入れるはずだった。ベトナム以外のルートを確保したかったのに加え、会社の中核となるような人材を受け入れたいと思ったからだ。ところが、コロナ禍で入国のめどが立たなくなってしまう。宮川さんは、インターンを「将来、社員に登用する道も考えていた」だけに、受け入れができなくなったことを残念がる。

不景気と賃金安、円安にあえぐ日本は、今後ますます外国人労働者から選ばれない国になっていく。なかでも農業は、賃金が低いとしてそもそも外国人から不人気な職種であり、希望者を集めるのが一層難しくなるはずだ。

2　都市住民を産地に呼び込む

†もってあと一〇年

「入管法の想定する外国人労働力の流入だけで現場の不足は賄えない」

ＪＡ全農おおいた営農対策課長で、ＪＡ全農労働力支援対策室長も兼ねる花木正夫さん（現在はＪＡ大分中央会担い手支援部担い手サポートセンターに所属）はこう強調する。ロボットを使った無人化という手もあるが、目の前の人手不足を解決するには時期尚早だと考えている。

基幹的農業従事者の平均年齢は六七・九歳（二〇二一年）で、七割近くが六五歳を超えているとされる。

「現場はもってあと一〇年だろう。下手したら五年くらいしか、もたないかもしれない」

二〇二〇年に一三六万人いた基幹的農業従事者について、財務省が踏み込んだ予測をしている。現状の減少ペースが続けば、二〇四〇年に四二万人となり、二〇二〇年に比べて六九％も減るとする。現状の農地を維持するなら、二〇四〇年には一人当たり今の三倍の面積で生産する必要がある。農業現場の人手不足は、間違いなく時がたつほど深刻になっていく。

その不足を補う存在として期待されたのが、外国人労働者だ。農業を含む人手不足が深刻な一四の業種で、五年間で三四万五〇〇〇人を受け入れる。こう想定した改正入国管理法が二〇一九年に施行された。その効果もあって、農業分野の技能実習生も含めた外国人労働者数は二〇二一年に三万八五三二人に達している。これは、二〇一七年の一・六倍だ。

しかし、二〇一九〜二一年の三年間をみると、横ばいに近い状態で停滞している。コロナ禍が直接の原因ながら、深刻な円安が続く限り、かつてのような伸び率で外国人労働者が増えることはもうないはずである。外国人労働者が人手不足の救世主たり得た時代は、徐々に終わろうとしている。

†労働力支援の仕組み

「重視しているのは、規模感とスピード感」と話す花木さんが注目したのが、農業現場の近くの都市住民だった。

「人がいないのではない。農業の人気がないのではない。ただ、みんなが働ける農業のチャンスがないだけだ」

そう考え、会社員や大学生、主婦といった農外の人まで含めて気軽にアルバイトできるようにしようと、仕組みを作った。一日だけ農業を体験したい人からアルバイト収入を目的とする人、農家になりたい人まで間口を広く受け入れる。

「地元で稼働していない人材にどう現場に行ってもらうか。労働者目線で考えた」

花木さんがターゲットとして注目するのは、次の三つ。まずは、全国に一〇〇万人以上いるとされる「ミッシングワーカー」。仕事をしていないけれども求職活動をしておらず、失業者として数えられない人々だ。次に、障害者総数九六五万人のうち、就労支援施策の対象となる一八〜六四歳の在宅者およそ三七七万人。加えて、六〇〇万人いる農協の准組合員だ。足すと一〇〇〇万人を超え、うち一割が農業に関わるようになっても、一〇〇万人を超える。

「こうした人たちが少しずつでも農業に関わるようになったら、農業就業人口が今後何十万人か減る分を、補えるかもしれない」（花木さん）

花木さんが構築した労働力支援の仕組みはこうだ。

JA全農おおいたで、どの農家に何人必要か、作業委託料はいくらか把握し、株式会社菜果野アグリ（大分市）に依頼して作業者を募集してもらう。現金日払いで、都市部の集合場所に行けば、現場まで送迎してもらえる。もちろん、未経験者も歓迎だ。参加者が初心者か農作業に慣れているかに合わせ、段ボール折りや搬出、収穫、箱詰めといった作業を割り振る。

日雇いのバイトなので、長期の仕事と違って、合わなければ一日行ってやめることができる。

労働者目線で、参加しやすくするために知恵を絞った甲斐あって、参加者は増え続けてきた。

二〇一五年度に大分県で立ち上げた労働力支援の仕組みは、その後、福岡、佐賀両県に拡大した。参加者は二〇二二年までで延べ一〇万六七一五人に達した。

労働力支援の仕組みができるまで、大分県内では高齢化に伴い白菜やキャベツといった重量野菜の収穫が難しくなり、作るのをやめる農家が絶えなかった。花木さんは「収穫の時に人手を用意したら、作付けをやめないでもらえるか」と農家に聞いて回った。すると、収穫を手伝ってもらえるなら作付けを続けるという返事が多く、この仕組みを作ったのだ。

†繁忙期の人手確保

興味深いのは、その効果が、単に重量野菜の生産の縮小に歯止めをかけたのに留まらないことである。

県の北部で、キャベツ部会が新たにできた。これまで農家は稲作が中心で、機械化が進んでいるコメ、麦、大豆は作れても、収穫期に人手の欠かせないキャベツを作る余力はなかった。それが労働力支援で収穫、調製の繁忙期に人が確保できるようになり、キャベツを作れるようになったのだ。

しかも、コメとキャベツの複合経営になったことで、農業収入が増えた。そのため農家一軒で、息子を後継者として呼び戻したという。

労働力支援は大分県内ですっかり定着した。繁忙期は、一日に二〇以上の現場で作業する。二〇二〇年、二一年はコロナ禍の影響で作業ができない時期があったり、県境をまたいだ働き手の送り出しができなくなったりと、思うように稼働できない時期もあった。それでも両年とも、過去最多だった二〇一九年度の約八割に当たる延べ一万七〇〇〇人超が参加した。

つけ加えると、実はこの両年とも、JA全農おおいたが関わって農業現場に送り出した延べ人数は、二〇一九年度並みを保っている。福祉事業所とも連携し、障害者と健常者が補い合う形で農作業を担ってきたからだ。とくに商品開発した「完熟かぼすサワー」に使うカボスの収穫で、障害者の参加が増えた。

今では県境を越えた広域連携も進んでいる。まずは福岡、佐賀の両県に広がり、九州ブロックで広域連携のための協議会が作られた。こうした協議会はその後、中国四国ブロック、東北ブロック、関東甲信越ブロック、二〇二二年には「全国労働力支援協議会」が設立された。これらの協議会は、ブロック内の課題の解決と支援、労働力の融通などを進めていくとしている。

「この人口減少下における農業分野の人手不足は、すべての施策を総動員しないと、解決できないだろう。スマート農業、外国人、労働力支援、農福連携……。中でも労働力支援が一番大きいファクターだ」

花木さんは、そう確信している。

3 「アグリナジカン」の試み

†求人サイトの立ち上げ

農家と働き手をつなぐ試みは、各地で生まれている。その一つが、京都府和束町で前身が生まれ、和歌山県みなべ町に根を下ろした「アグリナジカン」だ。

代表の山下丈太（やましたじょうた）さんは京都府和束町出身。大学卒業後、サラリーマンを六年間経験した後、同町に戻って起業した。興した事業の一つが農作業を手伝いたい人と農家をつなぐプロジェクト「ワヅカナジカン」だ。

「アグリナジカン」の前身ともいえるこのプロジェクトでは、和束町の茶農家とそこで働きたい人をつないだ。六年間で八〇人を一六の農家や農業法人に紹介する実績を残した。

「農家と働き手の双方に喜んでもらえて、なんて面白い仕事なんだと感じました。この事業を成長させたいと思い、ほかに興した事業は人に譲りました」

二〇一九年、農業に特化した人材紹介業を全国に展開するため、株式会社アグリナジカンを設立する。同時に、同名の求人サイト「アグリナジカン」を立ち上げた。

サービスとしてはまず、利用したい農家を募集する。続いて勤務内容や給与、車の貸し出しや宿泊所の有無といった待遇などについて聞き取る。一連の情報をサイトに掲載して、働きたい人を全国から募る。山下さんは彼らを「ワーカー」と呼んでいるので、以下、この言葉を使って話を続けたい。

†無理に引っ張り込まない

ワーカーには、山下さんがＺｏｏｍやＬＩＮＥを使って、オンラインで面接をする。面接の所要時間はおおむね一時間。前半は自社の事業の概要や理念について説明する。後半はワーカーから応募の理由を聞き取る。大事にしているのは「無理に引っ張り込まない」ことだ。

「ワーカーが望んでいることと仕事や待遇の内容が合わなければ、その旨を本人に伝えたうえで判断してもらいます。当然、場合によっては辞退していただくこともあります。長く働いてもらうことが双方にとっていいことだからです。もし農家が直接ワーカーに面接すると、これができない。人手が欲しいので、合う合わないは二の次にしてしまう。そうした事態を避けて、双方に喜んでもらえる関係をつくることにうちの役割があります」

採用が決まれば、アグリナジカンはワーカーが勤務した時間に応じて、時間当たり最大二五〇円を農家から受け取る。この金額は地域の最低賃金を踏まえて決めている。

ワーカーに長く働いてもらうことが、利用者だけではなくアグリナジカンにとっても有益なわけである。単に紹介料をもらうだけの関係にしていない点に覚悟を感じる。

†雇用のウィンウィンを全国へ

これまでのワーカーは男女問わず、年齢層は二〇代から四〇代が多い。志望動機はさまざま。農作業の経験者もいれば、初めての人もいる。ワーカーが働く期間はおおむね二～三カ月。勤務期間が終わった後で農家とワーカーが連絡を取り続けることについては放任している。つまり翌年以降に農家がアグリナジカンを使わず、ワーカーに直接仕事を依頼することを認めている。なぜなのか。

「ワーカーは一年を通して全国各地で仕事をしている人が多い。だから農家がワーカーと継続してやり取りをしながら関係をつなぎ、二年目以降も働きに来てもらうのは大変なことなんです。農家がその努力をできるなら素晴らしいことで、ぜひそうした関係を築いてもらって、人手に困らないようになってもらいたい。それに全国にはワーカーを求めている農家はいくらでもいるので、その支援に力を入れるべきだと思ってます」

ところで山下さんは、「アグリナジカン」を立ち上げると同時に、梅の産地である和歌山県みなべ町に移住した。同町の複数の梅農家から支援を希望する声がかかったからだ。

それまで拠点にしてきた和束町では、同サイトの利用を巡って農家との付き合いが深くなった。このため、自分が近くにいなくても、人材を紹介することに支障が生じないと考えた。

山下さんがみなべ町に移住して知ったのは、梅の栽培では収穫と並んで大変な作業に剪定があること。農家は、一一月から三月にかけてその作業に追われる。技術を要するため、これまでは人手を確保するのが難しかった。

そこで二〇二〇年、町内で梅を作る農家五戸を会員にして、剪定を請け負う集団「みなべクリッパーズ」を組織した。剪定を仕事にしたい人を全国から募り、会員の農家のもとで七～一〇日かけて実地に剪定を学ぶ（写真28）。最も簡単な徒長枝の剪定ができるようになった段階で現場に入ってもらう。アグリナジカンはワーカーが手にする給与の一五％を手数料として受け取る。

写真28 「みなべクリッパーズ」から剪定を学ぶ研修生（右）

アグリナジカンを利用する農家や農業法人は、関西地方を中心に北海道や山口なども含めて四〇に及ぶ。山下さんは、さらに広げていきたいと思っている。

壁になるのは、求人者と求職者の双方の人物を理解したうえであっせんするという手間のかかる行為だ。事業の肝であるため外せないものの、山下さん一人で抱え込むには無理がある。

そこで、それぞれの地域で事業に参画したい人を募り、「アグリナジカン」を活用して人材紹介事業を展開してもらう計画を進めている。農家とワーカーの喜びを仕事にする人が他の地域でも増えることに期待したい。

4 障害者の就労支援と農業

✝農福連携への注目

国内の障害者数は増え続けている。「二〇二二年版障害者白書」によると、身体障害者は四三六万人、知的障害者は一〇九万四〇〇〇人、精神障害者は四一九万三〇〇〇人である。障害者数は高齢化と相関関係にあり、増加を続けている。加えて、社会全体で障害への理解が高まってきたことで、医療機関に障害について相談する機会が増え、障害者数が伸びる結果になっている。

このこともあり、近年注目を集めているのが「農福連携」だ。農林水産省は、こう説明する。

「農福連携とは、障害者等が農業分野で活躍することを通じ、自信や生きがいを持って社会参画を実現していく取組です。農福連携に取り組むことで、障害者等の就労や生きがいづくりの場を生み出すだけでなく、担い手不足や高齢化が進む農業分野において、新たな働き手の確保につながる可能性もあります」（農林水産省ホームページ「農福連携の推進」より）

農林水産省が二〇一八年度に実施した調査事業では、農福連携に取り組む農業経営体の七六％が「人材として貴重な戦力」、五七％が「農作業の労働力確保によって営業等の時間が増えた」と答えていた（「平成三〇年度　農福連携の効果と課題に関する調査結果」）。

障害者が働く場を増やしたいという福祉の側のニーズと、農業側の働き手を確保したいというニーズ。この二つが合わさることに加え、農林水産省が助成制度を設けていることもあって、農福連携の数は増えている。

二〇二一年度末に、農福連携に取り組む農家や障害者就労施設といった主体の数は五五〇九に達した。国は、二〇一九年度末は四一一七だったその数を五年間、つまり二〇二四年度末までに三〇〇〇増やして七一一七にすると掲げている。農福連携は、今後一層増えるに違いない。

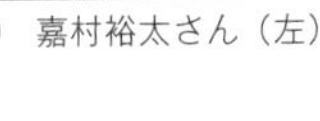

写真29　嘉村裕太さん（左）と築島一典さん

施設もノウハウも販路もあるが、後継者がいない

そんななか、廃業を考えていた農家が福祉事業所の経営者を後継に指名したという、一風変わった事例も現れた。施設もノウハウも販路もあるが、後継者がいない。そんな悩みを持つイチゴの篤農家は、なぜ障害者の就労支援を手掛ける若者に経営を託したのか。

福岡県久留米市の田んぼが広がるエリアにハウス群が立ち並ぶ。ハウスに前後を挟まれた一画に、農業法人・株式会社ＯＮＥ ＧＯ（ワンゴー）の事務所と倉庫、加工場がある。

「もともと二〇アールだったのが、二〇二一年に二五アール増やして、二〇二二年も一七アール増やした。合わせて六二アールなので、かつての三倍以上になっているね」

整備されて間もないハウスを指さして、同社ＣＴＯ（最高技術責任者）の築島一典（つきじまかずのり）さんが説明する。

築島さんの自宅は、ハウス群の目と鼻の先にある。

築島さんは、もともとイチゴの「あまおう」を栽培する築島農園の事業主で、収穫物を地元の卸売市場やＪＡに出荷していた。自らイチゴの栽培に使う道具を開発して特許を申請するほど栽培技術の向上に熱心で、固定客も獲得。経営は順調だったけれども、悩みは後継ぎがいないことだった。

「少しずつ面積を減らしてやめていく方法もあった。でも、ハウスという施設と栽培のノウハウがあったので、続けてやってもらえたらと考えてね」（築島さん）

そこで、「継がないか」と付き合いのあった嘉村裕太さんに声をかける。ただ、嘉村さんは今でこそＯＮＥ ＧＯのＣＥＯ、つまり農業法人の代表だが、声をかけられた当時、農業とまったく畑違いの福祉事業所の経営者だった（写真29）。

†障害者が働ける農業現場を増やしたい

嘉村さんが、築島さんと出会ったのは二〇一七年のこと。二〇一六年に障害者の就労を支援する株式会社ＳＡＮＣＹＯ（さんちょー）を立ち上げ、「就労継続支援Ａ型事業所」の運営を始めていた。

Ａ型事業所は、障害者と雇用契約を結び、障害者が一定の支援を受けながら働ける福祉サービスを提供する。その利用者は内職のような単純作業をこなしているというイメージを持つ人もいるだろう。嘉村さんは「体を動かしたいとか、農業にかかわりたいという利用者も一定数いるので、そのニーズに応えられないか」と、働く場の一つに農業を加えたいと考えた。事業所の利用者が作業を手伝える農家を探していて、築島さんと出会う。

イチゴの栽培は、苗の定植やハウスのビニールがけなど、人手を要する作業が生じる。嘉村さんの活動を知った築島さんは、SANCYOの利用者にそうした作業を依頼するようになった。そして二〇一九年ごろから、嘉村さんに農園を継がないかと持ちかけるようになる。SANCYOの利用者が働ける農業の現場をもっと増やしたいと考えていた嘉村さんがそれに応じ、CMO（最高マーケティング責任者）として物部遼平（もののべりょうへい）さんも加わり二〇二〇年にONE GOを立ち上げた。

農業側の高齢化、そして人手と後継者の不足という課題。福祉の側の障害者を雇用する場の創出と賃金の向上という課題。両者のそんな困りごとを解決する方法が、農業法人を立ち上げてSANCYOの利用者を雇用したり、農作業に派遣したりすることだった。

三人で設立したONE GOは、一三人の規模になった。SANCYOの利用者が繁忙期には毎日七、八人働きに来る。収穫した「あまおう」は、ふるさと納税で独自のブランドとして生鮮や冷凍で販売する。もともとSANCYOの利用者だった二人が、今はONE GOの従業員として働く。

築島さんが夫婦でイチゴを栽培していたころと比べると、事業規模は「かなり広がった」

（築島さん）。築島さんはＣＴＯとして栽培を指導する。新しいことに関心が強く、組織が柔軟に変化していくのを楽しんでいる。

築島農園とＳＡＮＣＹＯにとっての最適解は、事業の承継と農業法人の立ち上げだった。身内以外に事業を譲る「第三者継承」自体は農業でもみられるが、まったくの異業種に譲った事例は珍しいという。

嘉村さんは言う。

「福祉と農業のそれぞれに困りごとがあって、そのどちらかが先行すると、連携は成り立たないと思っています。事業所の利用者には、農業のような現場で体を動かす方がいい人もいれば、動かさない方がいい人もいます。農業の都合だけで福祉の分野から人を呼び込むのは、違うと思うんですね」

嘉村さんは、農福連携は農業と福祉の一方が他方に従属する関係に陥りがちだと感じている。それだけに農福連携という言葉は使わないという。

農業と福祉双方のニーズがピタリと合って生まれたＯＮＥ　ＧＯ。二〇二一年度の売り上げは、一億四〇〇〇万円に達している。従業員が増え、ハウスの拡張も進み、組織としての基礎を固めている段階だ。収益性を高めつつ、加工品を開発したり、新規事業を手掛けたりすることを考えている。

「観光農園事業を始めるというのが目下、僕らの夢と希望です」(嘉村さん)

農業のすそ野を広げる農福連携。農業と福祉のニーズを丁寧にすり合わせることが、成功の秘訣のようだ。

5 北海道から広がるロボット農機の可能性

人口減少が進んでも農業生産を続けるために、関心を呼んでいるのが、スマート農業だ。農林水産省はそれを「ロボット技術やICTを活用して超省力・高品質生産を実現する新たな農業」としている。

具体例としては、二〇一八年にTBSドラマ「下町ロケット」に登場した、自動運転できる「ロボットトラクター」がよく知られている。農業用ロボットとしてはほかに、トマトやピーマンなどの収穫ロボット、農薬や種をまくドローン、自動で荷物を運ぶ運搬用ロボットなどがある。

†ロボット農機に立ちはだかる遠隔操作の壁

農林水産省の「農業機械の安全性確保の自動化レベル(概要)」では、自動化を次の四段階に分けている。

レベル0……手動操作

レベル1……使用者が搭乗した状態での自動化

レベル2……使用者の監視下で無人状態での自律走行

レベル3……無人状態での完全自律走行

このうちレベル2までは、すでに対応する農機が市販されている。たとえばレベル1に相当するのが、自動直進機能付きのトラクターや田植機、コンバインなど。

そしてレベル2に相当するのが、自律的にさまざまな作業をこなせるロボットトラクター（ロボトラ）だ。第三者が圃場に侵入する可能性が著しく低い地域なら、その使用者は監視をしながら別の作業に従事できる。

レベル3は遠隔操作で、実証実験ではすでに実現している。遠隔操作のためには、農機と使用者の間で情報のタイムラグが生じては困る。そこで、高速かつ大容量で遅延の少ない通信システム「5G」を使う。複数台のトラクターを遠隔操作する実証実験が、北海道でたびたび行われてきた。

レベル3の実現に当たっては、法制度の面でも前進がある。もともと課題と捉えられてきたのが、圃場と圃場の間にある道路を無人の農機で移動することだった。しかし、農道については国が「農道管理者が農業用道路を一般交通の用に供しないと判断した場合は、道路交通法の適用は受けない」との見解を示し、この障壁は取り除かれた。

とはいえ、実用化にはまだ壁がある。農村部で5Gでの安定した通信を行うのが難しいからだ。基地局の設置といった環境整備が望まれている。

なお、二〇一六年に当時の安倍政権は、レベル2を二〇一八年に、レベル3を二〇二〇年までに実現すると表明していた。二〇一八年にロボトラが市販されたことで、レベル2は実現したが、レベル3はまだ時間がかかりそうだ。

ロボット化に加え、データの取得や分析、それに基づく経営や営農の指南も、スマート農業の大切な要素だ。さまざまなセンサーやカメラが開発され、農作業から販売に至る情報をクラウドに記録するシステムが運用されている。

ここからは、人口減少の進むいま、期待を集めるスマート農業が何ができて何ができないのかをみていきたい。

†〝アナログなマニュアル化〟

一人当たりでこなせる作業量を増やす。この方向で環境整備や研究開発を進めているのが、北海道だ。GPSガイダンスシステムや自動操舵装置といったスマート農機の普及も進んでききた。北海道の独自調査によると、どちらのシステムも、主要な農機メーカー八社の累計出荷台数の約八割を北海道で占める。道庁によると、とりわけ十勝、オホーツク地方という畑作地帯で普及しているという。

写真30　三浦尚史さんとロボットトラクター

先進地である十勝の音更町に、スマート農業の導入に人一倍熱心な農家がいる。一〇六ヘクタールを経営する三浦農場代表の三浦尚史さんだ。全国でもいち早く自動操舵とロボトラを導入した（写真30）。一四台あるトラクターのうち複数台について、GPSガイダンスシステムと自動操舵装置を装備させている。

経営面積は、十勝地方における平均的な畑作農家の倍以上に当たる。主に小豆や大豆、小麦、ビート、長いもを生産する。五人いる従業員は正社員が二人、季節雇用が三人。規模の拡大に伴って増やしてきた。

三浦さんはもともと、ディスクハローやサブソイラーといったトラクターに加えるアタッチメントを製造する東洋農機株式会社（帯広市）に勤めていた。同社を辞して、家業である農業を始めたのは三〇歳。その時点で経営面積は八六ヘクタールだった。オペレーターは父と自分の二人だけ。「忙しかったですね。午前四時から午後六時半までぶっ続けで働くような毎日でした」と振り返る。

転機となったのは二〇一二年。経営面積が一三ヘクタール増えて、九九ヘクタールになった。同時に大卒の女性を正社員として雇ったほか、普及が始まったばかりのGPSガイダンスシステムと自動操舵装置を導入した。

「これが相性が良かった」と三浦さん。その理由は、新人でもGPSガイダンスシステムと自動操舵装置で、整地作業ができるようになったことにある。

「整地作業は春の種まきに必要で、多忙な時期にやらなければいけない作業の一つ。それが新人でもこなせるようになった。父と私は別の仕事にかかれるので、大助かりでしたね」

作物の生育初期に畝間に爪状の刃を立てて牽引するカルチベーターを使った中耕も、忙しい作業の一つ。これも新人に任せた。

それと同時に、新人でもこなせるようにトラクターでの作業マニュアルを作業機ごとに作っていった。年季が入ったファイルにとじられたマニュアルには「トップリンク（筆者注＝トラクターと作業機を連結する部品）長さ・種類」「トップリンク取付位置」「振り止め張り具合」「ギア」「エンジン回転数」などの項目別に適切な作業が記されている。

「ただ、最近はこれだけでは間に合わないんです」。そう言って三浦さんは、別のファイルを取り出し、広げて見せた。

「急速に普及している自動操舵のためのマニュアルです」

圃場と作業ごとにどういう経路で走行すればいいかについて紙に書き込んでいる（写真31）。従業員は紙に記載された経路の番号を端末に入力して設定すれば、あとはGPSオートガイダンスが自動で操舵してくれる。

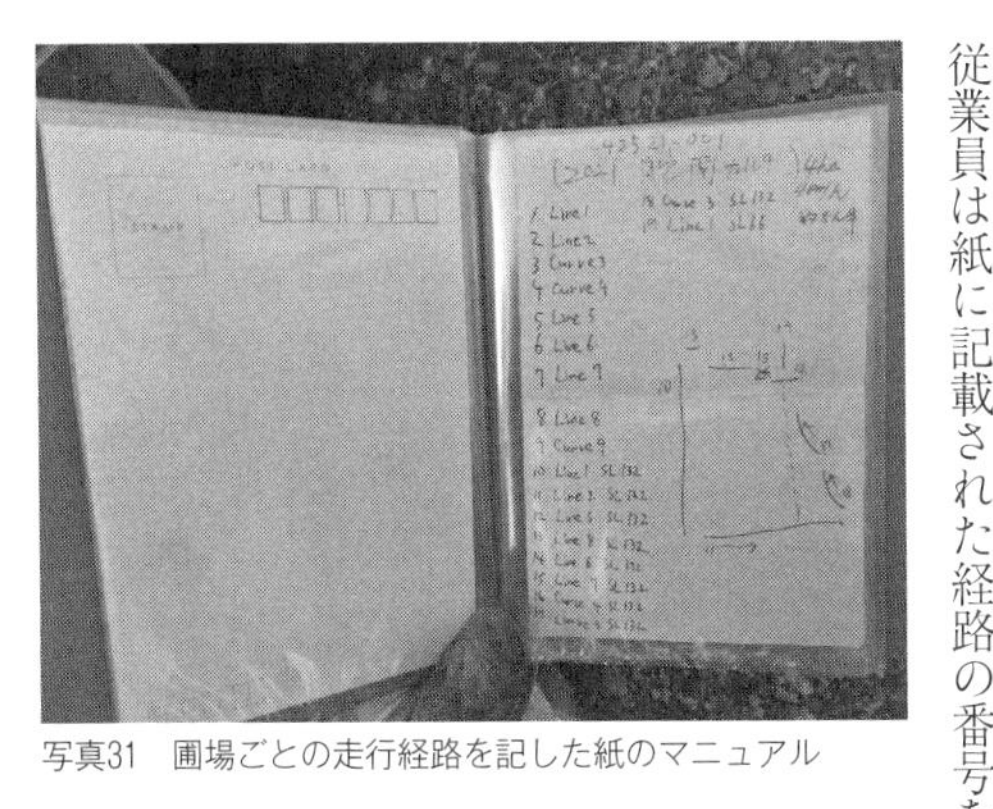

写真31　圃場ごとの走行経路を記した紙のマニュアル

ほかにも、機械の修理や清掃のためのマニュアルも作成した。機械へのグリスの補給や輸送チェーンが外れたときの対処などの手順を、A4の紙に写真入りで説明している。

紙のマニュアルを準備するのに加え、工具を収納する資材置き場を、何がどこに納められているか一目瞭然になるよう整えた。こうした工夫は、三浦さんが前職で学んだことが影響している。

東洋農機で配属されたのは営業関連部署だったものの、工場での整理・整頓やマニュアルによる従業員の教育を学ぶ研修会が毎年開催されて、参加が義務付けられていた。「これがいまにつながってます」と語る。

アナログなやり方で業務の改善を図る——。三浦農場の手法は、デジタル化しなくてもできることはたくさんあることの好例だ。

†ロボトラでの「協調作業」提案者の思い

全国に先駆けて導入したロボトラについても紹介したい。三浦さんは、その単なるユーザーにとどまらない。北海道大学が開発している段階から、複数台が同時に走行する「協調作業」の企画書を持ち込んだという。その相手は、土地利用型作物向けのロボット開発で有名な同学大学院農学研究院の野口伸(のぐちのぼる)教授。

三浦さんはそんな業界の第一人者に、有人トラクターと無人トラクターが同時に異なる作業をすることで、農作業の効率化を図ることを提案した。それはなぜか。

「経営に行き詰っていたからです。規模の拡大に備えて二〇〇馬力のトラクターを入れるとなれば、作業機も含めて導入費が高額になっていくので厳しい。そこで思いついたのが『協調作業』のアイデアでした」

三浦さんは協調作業の利点として、整地と播種が同時にできる点を挙げる。通常のトラクターであれば、整地が終わるのを待って播種をしなければならない。たとえば、五ヘクタールの畑であれば五時間待つことになるという。

ところが協調作業であれば、有人機と無人機がそれぞれ整地と播種を同時に行うので、待ち時間がなくなる。三浦さんは「四割くらいの時間の削減になりますね」と語る。

そして協調作業のもう一つの利点は、適期に作業がこなせることだ。三浦農場が作る秋まき小麦の面積は四三ヘクタール。その播種は毎年おおむね九月二二日に始まるが、一〇月三日を越えて播種すれば育ちが悪くなる。つまり、勝負の期間はわずか一〇日間ほど。だから、協調作業によって整地と播種を同時にこなせることは非常に大事なのだ。

待望のロボトラを導入したのは、市場に出始めた直後の二〇一八年。現在、まさに協調作業をして使いこなしている。とりわけ畑の面積が大きいほどに使う意味はあるという。

「大きい畑ほど待ち時間が長くなるので、それが削れる効果が高い。枕地を整地するのに時間をとられるからです。大きい畑なら枕地の面積は数パーセントですが、小さい畑なら二〜三割にもなります」

枕地とは、圃場の端で農機が旋回するスペースをいう。

三浦さんは、過去の作業を踏まえて、「二ヘクタール未満の畑であれば、ロボットトラクターを使うメリットはない」と言い切る。三浦農場の経営面積一〇六ヘクタールのうち、一枚の面積が二ヘクタール以上の畑は八割を超えるという。

「費用対効果で言えば、十分に使えていますね」

三浦さんによると、十勝地方のほとんどの農家は作業する畑の八割程度が二ヘクタール以上。このことから、ロボトラを導入するメリットは三浦農場と同じようにあるとみている。

しかし、現時点ではロボトラはそれほど普及していないようだ。その理由について「農家がおっかなびっくりなのかな。あとは協調作業のメリットがうまく伝わっていないんじゃないか」と話す。

十勝地方でも離農が進んで、残る農家の経営面積が広がってきていると聞く。三浦さんが言うようにメリットが認識されれば、遠からぬうちにロボトラの導入が進むかもしれない。

†ロボトラ普及が北海道以外で難しい理由

ところで、この一枚二ヘクタールという目安に達する農地には、北海道を除いてなかなかお目にかからない。それだけに、府県でロボトラが普及するかどうかは、甚だ疑問である。

それを感じたのは二〇一六年に関東地方で、ロボトラの実演を見たときである。場所は、三〇アールという日本の平均的な広さの畑。上下にうねりのあるその畑には、爪を回転させながら畑を耕すロータリーという作業機を後部に装着した、二台のロボトラが待機していた。

つなぎを着た作業者が一台のロボトラに乗り、畑の外周を走りながら、GPSを使って畑の形状に関するデータを取り、覚えこませる。走行経路をつくるのに必要なのだ。周回してスタート地点に戻ったら、いよいよ作業の開始である。

作業者の一人がリモコンを高々と掲げ、スイッチを押す。すると、ロボトラが人を乗せないまま先に走行を開始。すぐにロータリーの爪を回転させ、畑の端から端まで土を耕していく。続けて別の作業者がもう一台のトラクターに乗り込む。さっそく運転席の横にあるタブレットを操作し、「自動走行」の項目を選択。すると、こちらも社員がハンドルを握らなくても、勝手にロボトラが走り出し、畑を耕し始める。もう一台のトラクターと協調しながら、ぶつかることなく、畑の全面を耕していった。

ただ、現状では農家に普及しないように見えた。正直、こうした大型のロボット農機は日本のような小さな区画の農地で効率的に使いこなせるように思えない。

明るい兆しがあるとすれば、府県でも一〇〇ヘクタール前後の大規模経営体が増えつつあることだ。その多くは、耕作する圃場があちこちに点在する分散錯圃の状態に苦しんでいる。

これを脱しようと、土地を使いやすいようにまとめる「交換分合」が各地で進みつつある。所有権の移転や賃借権の設定などにより、それぞれの経営体が広く地続きで耕作できるようにする。この交換分合をすれば、畔を取り払ったり、土木工事を行ったりして、圃場一枚を広くしやすい。大規模経営体が広い圃場を面的に耕作できる――。この条件が整った地域であれば、ロボトラが走るようになるかもしれない。

そうなるには、地権者の理解だけでなく、交換分合を実施できる自治体や土地改良区、農業委員会などの協力が欠かせない。そうではあるが、地権者には、土地に対する所有意識が強い余り、畔を取り払う合筆に難色を示す人もいる。先に挙げた交換分合の実施主体も、規模拡大の必要性に無理解な場合が少なくない。それだけに、府県においてロボトラが走り回る未来は、まだ当分来ないはずだ。

†農地拡大の限界

農家戸数が年五％の割合で減り、畑作農家の平均面積が五〇ヘクタール近くに達している。かといって、新規参入者を増やすのは至難の業……。そんな課題を抱えるのが、北海道鹿追町にあるＪＡ鹿追町だ。

鹿追町の位置する十勝地方では、農家一戸当たりの面積が広大で、たとえば新規参入者が離農者の農地を引き受けようとすると、土地代や機械・設備費といった初期投資に軽く数億円かかってしまう。加えて消費地から遠く、輸送費が高くなるのもネックだ。輸送費を抑えるには輸送量を多くする必要があるので、小規模な新規参入者を増やすのは得策ではない。

「残った農家で、どんどん規模拡大を推し進めるしかない」

JA鹿追町営農部審議役の今田伸二（いまだしんじ）さんはこう説明する。一戸当たりの農地面積はここ二〇年で倍増しており、一戸一〇〇ヘクタールという時代が来るかもしれない。

「規模拡大が進んで、家族経営の農業に限界が来始めている。機械の能力を上げて、収量を変えずに現状の面積をこなしていくことを目指してきた」（今田さん）

本州以南でも、農家の規模拡大は今後、高齢農家の離農に伴って加速度的に進む。そのため、JA鹿追町が直面する課題は、本州以南でも将来、現実のものになり得る。

†キャベツ産地の起死回生の一手

同JAがさらなる規模拡大の一手として挑むのが、キャベツの収穫、運搬の一連の流れをロボットで行うこと。労働力が減り続ける中でも産地として存続するための挑戦だ。キャベツ、白菜、カボチャといった重量野菜は、重労働のため、機械化できないと作付けが減る傾向にある。同町ではキャベツの収穫を機械化したけれども、それだけでは産地が維持できないと、ついにロボット化に踏み込んだ。

二〇一九年秋。鹿追町の業務用キャベツの畑で一玉数キロある大ぶりのキャベツが地面を覆っている。コントラクターが収穫作業をしている最中で、操縦するオペレーターと機上で外葉を取ってコンテナに詰め込む補助者二人を乗せた収穫機が二台稼働していた。キャベツを満載

写真32　運転席が無人の状態でも走るキャベツのロボット収穫機

したコンテナを運ぶためのタンクショベルが二台、畑の中を行き来して、コンテナを収穫機からトラックに移す。収穫機一台につき少なくとも五人が作業している計算だ。

「そっちを向こう側に回って、そっちから取っていって」「バック、バック」といった指示がにぎやかに飛ぶのを片目に、畑の端でロボット収穫機がゆっくりと走り始めた。操縦席は無人で、ハンドルが勝手に回り前進する（写真32）。

収穫部分の構造は通常の収穫機と同じだ。屋根の前方にカメラが飛び出していて、このカメラの映像からＡＩがキャベツを認識し、ハンドルをキャベツの並びに沿って切る。収穫する部分の周りにも二台のカメラがあり、キャベツの高さを認識して収穫部を上下移動して適切な高さで刈り取る。荷台では作業者一人が不要な外葉を取り外して鉄コンテナにキャベツを入れていく。

収穫が終わると、後方に控えていた無人の運搬車が勝手にハンドルを切って前進し、収穫機とドッキング。キャベツの入った鉄コンテナを受け取り、空の鉄コンテナを収穫機に移し替え、農道に停められたトラックのそばまで走行し止まった。

この後、無人のフォークリフトが運搬車のコンテナをおろしてトラックに積み替えるはずだったけれども、農道の傾斜や凸凹に対応しきれず、成功しなかった。ただ、この上げ下ろしも順調にできるようになれば、通常の機械収穫に一台につき最低四人必要なのが、最低二人でこなせることになる。「三、四人の確保がすごく大変」という状況下、収穫から集荷までのロボット化への期待は大きい。

トラックがキャベツを運び込む集荷場でもフォークリフトによるトラックへの鉄コンテナの積み込みが行われ、こちらは難なく成功した。舗装された道路や工場に比べ、凹凸が激しい農地という環境の難しさを改めて認識させられた実証だった。

重量野菜のタマネギについても、収穫の自動化技術が披露された。操縦席が無人の収穫機オニオンピッカーがタマネギを次々と拾い上げていく。隣を同じく無人のトラクターが鉄コンテナを載せた台車を牽引しながら並走し、収穫機からタマネギをコンテナに次々と排出する（写真33）。収穫機の上部にカメラがついていて、タマネギのある高さを認識し、適切に拾い上げられるよう高さを調整する。

北海道におけるタマネギの収穫は通常、オニオンピッカーでとったものを鉄コンテナに納め、鉄コンテナが一杯になったところで畑に下ろし、タイヤショベルで新しいコンテナを運んでくる。タマネギを満載したコンテナは上部にビニールシートをかけて雨が当たらないようにして、一定期間放置する。秋に北海道旅行をしたことがあれば、畑のあちこちに鉄コンテナが散らばっている風景を見たことがあるかもしれない。しばらく放置した後で鉄コンテナを畑から回収し、タッパーと呼ばれる機械で葉を切り落とす。

鉄コンテナが畑の中に散在すると、回収にも手間がかかる。そのため、トラクターに並走させ、タマネギの入ったコンテナを農道わきなどの回収しやすい場所に固めて置き、手間を省く。この技術が実用化されれば、ピッカーとコンテナの運

写真33　無人で走るオニオンピッカーとトラクター

搬をするタワーショベルの操縦者二人が不要になる。道内ではオホーツク地域の北見市などでタマネギ栽培が盛んだ。農家一戸当たりの面積が増える中、こうした技術が産地の維持につながり得る。

立命館大学が代表機関を務めるコンソーシアムには、農機メーカーのヤンマー、機械メーカーの豊田自動織機、ドローンメーカーといった多くの企業が参加していた。そうではあるけれども、あくまで産地のニーズに根差したプロジェクトだ。中心的な役割を果たす一人であるJA鹿追町の今田さんは危機感を口にする。

「地域に短期的に働いてくれる人はほとんどいない」

農家の労働支援に入る人の中で、アルバイトの率が二〇一六年からコロナ禍以前は年々伸びていた。農繁期に大量の労働力を必要とするけれども、地域内では到底確保できず、東京を中心にした都会からくる学生アルバイトに頼ってしのいでいたのだ。コロナ禍でその学生アルバイトが来られなくなってしまい、人繰りは厳しさを増している。

人の確保に不安を抱えていては、産地としての存続がおぼつかない。どう対処すべきかと考え、たどり着いたのが「省人化」だった。

†産地としての存続賭けた「省人化」

二〇一九年のこの実証には、他産地の農家も参加していた。業務用野菜を生産する静岡県の農家から出た次の質問は、多くの産地の声を代弁するものだと感じる。

「機械化すると、三〇〇キロは入る鉄コン（鉄コンテナ）で、二八〇キロとか二五〇キロしか積めなかったり、もしくは切り損じたものも入ったりするかもしれない。そういったときに、クレームで返品されると、すごくつらい。新しいトライをしたときに、買って下さる側にはある程度受容してもらえるんでしょうか」

人手で隙間なく詰め込むのと違い、隙間ができることで積載効率が落ちないか、不良品が混じらないかという心配だ。これに対して今田さんは人をゼロにするわけではなく、そうした問題が生じないように適切な人数を使う方針だと話した。積載効率については多少落ちる可能性があるとした上で、こう続けた。

「このまま生産が落ちるよりはいいのではないか。よくあるのは、こうじゃなきゃダメだとずっと頑張って、生産できなくなること」

農家が減るのは目に見えていて、現状の人手に頼るやり方がいつまでも続かないのは明らかだ。今の流通がこうだからと何も変えずにいたら、将来がない……。このやり取りを聞いていて、鹿追町と静岡の農家の間に若干の温度差を感じた。産地としての存続に対する危機意識の差ともいうべきか。このズレは、上記のやり取りに限らず、鹿追町側と本州以南からの参加者との交流を見ていて何度も感じた。

ただ、北海道が直面している人手不足、経営面積の増大という課題は、本州以南でも近く深刻化することが統計的に明らか。北海道を特殊だと片付けず、そこに学ぶ姿勢こそ必要だ。

6　除草の現在地

†「除草ルンバ」

畦畔の草刈りまで手が回らないという問題は、地味ながらも、全国で深刻さを増している。

「除草をルンバ化する」

自民党農林部会長だった小泉進次郎氏がぶち上げたのは、二〇一六年六月のことだ。この発言が呼び水となり、官民が開発を進めてきた。しかし、ニーズのある中山間地ほど、のり面の傾斜に耐えられる草刈機がないという状態だった。

六年を経た二〇二二年六月にようやく、四五度の傾斜地でも使え、既製品に比べて性能が大きく向上したリモコン式草刈機が発売された。

「生産現場から『人手不足でなかなか草刈り作業に時間を割けない』『今まで年に三回刈っていたのが、二回しか刈れなくなっている』といった声を聞いてきました。時間があくと雑草の草丈も高くなって、かなり繁茂してしまいます。そういう状態でも草が刈れる刈り取り能力の高さを持ち、軽トラックや商用バンで運べる小型のサイズの草刈機、というコンセプトを決め、開発を進めたんです」

農研機構農業機械研究部門の青木循(あおきじゅん)さんは、農家の要望が製品開発につながったと振り返る。

二二年六月に台数限定で発売したリモコン式ハンマーナイフモア「SH950RC」は、農研機構と株式会社IHIアグリテック、福島県農業総合センターが二年半かけ共同開発した。平地はもちろん、一メートルを超える雑草の茂った急な斜面でもリモコン操作で作業ができ、セイタカアワダチソウやススキといった雑草はもちろん、クズのようなツル性の植物も刈り取れる。

草を巻き込んで粉砕しながら刈り取るハンマーナイフ式のため、他の形式の草刈機と比べて刈り残しも少ない。

†ずり落ち解決で能率二倍

これまでのリモコン式草刈機は傾斜地だと、重力に引っぱられてずるずると下に滑ってしまうのが悩みだった。そのため、補正機能を付けることで、斜めになった状態でも直進できるようにした。

現地試験では、一メートル以上の草丈のある傾斜地で一時間に約一〇アールを、より草丈の低いところなら一時間に約二〇アールを刈った。これは市販の歩行式といった草刈機と比べ、約二倍の能率だという。

重量も約三四六キロと軽トラックや商用バンの最大積載量を下回るようにしたため、現地まで運搬するのも容易だ。

近年、傾斜地の多い中山間地でも農地の集約が進んでいる。また、圃場整備で巨大なのり面ができることも珍しくない。

人力で傾斜地の草刈りを行った場合、バランスがとりにくく、すぐに疲労がたまってしまう。そのため、どうしても作業能率が低下してしまうし、転倒やけがなどの作業事故も起こりやすくなる。その悩みをこの開発機が解決してくれるかもしれない。

「今のところ、この開発機と人力による刈払い機との作業能率の比較は、平地の限られた面積でしかおこなっていません。しかし、それでも二倍以上の開きがでました。また、人力の場合、時間がたつにつれて疲労がたまり、作業のペースが落ちていきます。そのため草を刈る面積が広くなればなるほど、さらに差が出てくるはずです」と青木さんは言う。

ユーザーとして想定するのは、広大な面積を作業受託しているような大規模生産者。この開発機は今後、株式会社ＩＨＩアグリテックの全国の販売店を通じて、農業現場に導入される。

†有機稲作の切り札「アイガモロボット」

水田用ロボットとして、リモコン式草刈機と並んで注目を集めているのが、「アイガモロボット」だ。スクリューやクローラーで水田をかき混ぜ、水を濁らせることで、雑草の光合成を防いで繁殖を抑える効果を期待されている。二〇二二年六月には農機大手の井関農機株式会社がロボットを開発するベンチャーに二億円を投資し、話題を呼んだ。

これは、有機稲作農家の間で取り組まれてきたアイガモ農法を模している。この農法では、アイガモの雛を水田に放して、雑草を食べてもらう。さらに水を濁らせて雑草の光合成に必要な日光を遮ったり、雑草の種子を土に埋没させたりする効果も期待している。

問題は、アイガモがイタチやカラスといった天敵に食べられてしまったり、まんべんなく除草してくれるとは限らなかったりすること。さらには、成長後にどう処分するかという問題も生じる。そのため、取り組む農家はなかなか増えなかった。

アイガモの代替となるロボットの開発は、国が「みどりの食料システム戦略」で有機農業の推進を掲げていることもあって、注目を集めている。

†アイガモロボットの課題

ただし、導入するにはハードルがある。まず、一定の水深が必要なため、田んぼの均平をきれいにとらなければならない。浅い部分があると、ロボットがうまく機能しないからだ。田植えに先立って、レベラーをトラクターで牽引して均平の精度を高めないと、導入は難しい。

次に、対応できる雑草に限りがあることだ。田んぼの雑草を代表するヒエは、水深を八〜一〇センチなど、やや深めに保つ深水管理をすれば、抑えられる。すなわち、アイガモロボットを使えば抑草の効果を期待できる。しかし、やはり典型的な雑草であるコナギやイヌホタルイは深水でも成長できるため、効果が十分には出ない可能性がある。

アイガモロボットは今のところ、除草剤や手押し式あるいはエンジン式の除草機といった他の除草手段と組み合わせて使うのが現実的だ。

なお、ロボットの中には、既に農業現場で欠かせない存在となっているものもある。ドローンは薬剤や種もみの散布に加え、作物の生育具合や土壌の診断にも使われる。

労働時間が長くなりがちで休みをとりにくく、人手不足が長年問題となってきた酪農の現場でも、ロボットが活躍する。人手をかけずに自動で搾乳できる搾乳機や、牛が食べやすいようにエサを移動させるエサ押し機のロボットが北海道を始め先進的な経営体で広まりつつある。

ただし、農業全般においてロボットが困りごとを便利に解決してくれる時代というのは、いつか来るにしてもまだ先である。

第六章

消費者が迫る変化、日本文化を世界へ

農業や食品の業界を取材していると、「胃袋が縮む」という言葉をよく耳にする。農産物や食品の国内市場は、全体としてはしぼんでいくと予想される。

しかし、そんな時代であっても需要が拡大している分野はある。加工・業務用だ。総務省の「家計調査」によると、弁当やおにぎり、そうざい、冷凍食品などを含む「調理食品」の一世帯（二人以上の世帯）当たりの年間支出金額は、増加傾向にある。とくに五〇歳代以上の、年齢が高い世代で支出金額は大きく増えている。

単身世帯は、二人以上の世帯に比べて調理食品への支出割合が高い。単身世帯は今後増え続けるので、調理食品、つまり中食の需要はますます大きくなる。

農林水産省によると、消費者が食品に支出する金額のうち、加工・業務用の割合は、すでに七割を占めており、二〇四〇年には八割に達する。単身世帯や共働き世帯の増加で、「食の外部化」が一層進むと見込むからだ。「食料需要は生鮮食品から付加価値の高い加工食品にシフトし、一人当たりの食料支出は増加していくと見通される」(農林水産省)と予想している。

農林水産省の推計によると、生鮮食品の割合が二割まで下がる。その分、加工食品が伸びる。それだけに、「食料支出総額は、一人当たりの食料支出の増加と人口の減少が相殺され、当面はほぼ横ばい、長期的には減少していくと見通される」(同)。

つまり、消費者が便利さを追求する時代の変化に生産現場が追いつき、加工・業務用の需要を取り込めるならば、国内農業にはまだまだ成長の余地がある。これが、本章の前半部におけるテーマだ。

後半部では、もう一つの成長分野である輸出を取り上げる。章全体を通して、人口減少が進んでも農業が発展し続ける方法を探っていく。

1 市場を奪われる国産

†加工・業務用野菜の多くが外国産

前半部のテーマの基礎情報として、加工・業務用の需要に食い込むことで農業が成長しうることを裏付けるデータを見ていこう。

図表6－1－1　加工・業務用野菜の国産割合（主要品目）

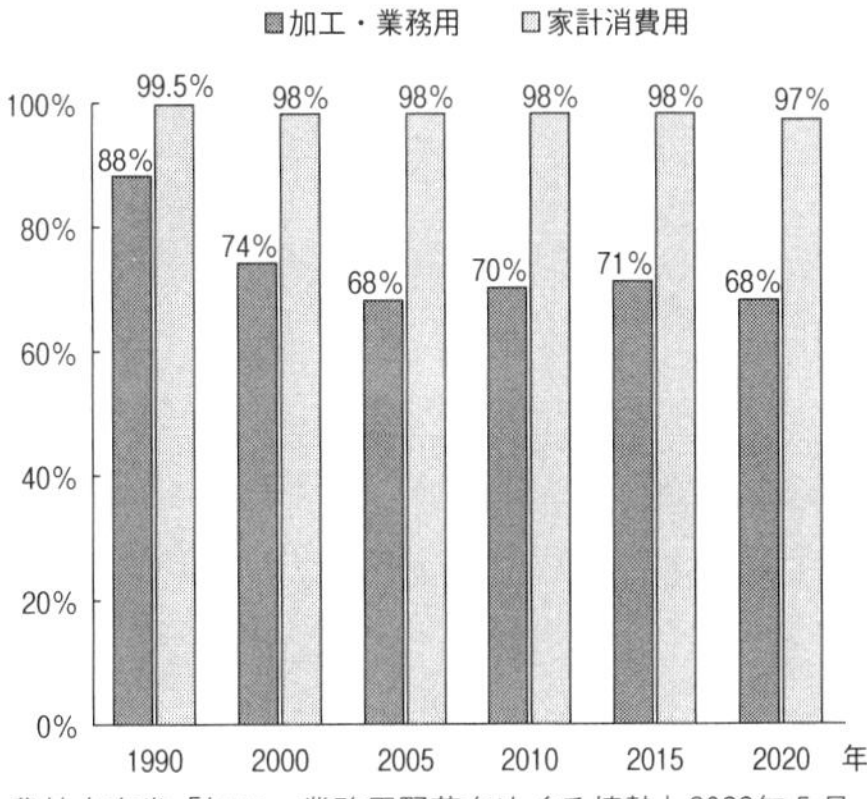

農林水産省「加工・業務用野菜をめぐる情勢」2022年5月

まず、野菜を例にとると、加工・業務用の割合が伸びていて、二〇二〇年時点で五六％に達している。ところが、この加工・業務用に占める国産の割合は、六八％に過ぎない。家計消費用の実に九七％が国産なのと好対照をなしている（図表6－1－1）。

農林水産省がとりまとめた実需者への意識調査「加工・業務用野菜の実需者ニーズに関する意識・意向調査結果」によると、国産食品・原材料を「増やしていきたい」との回答は、食品の製造業と卸売業において五割近くに達する。

図表6－1－2　冷凍野菜の国内流通量

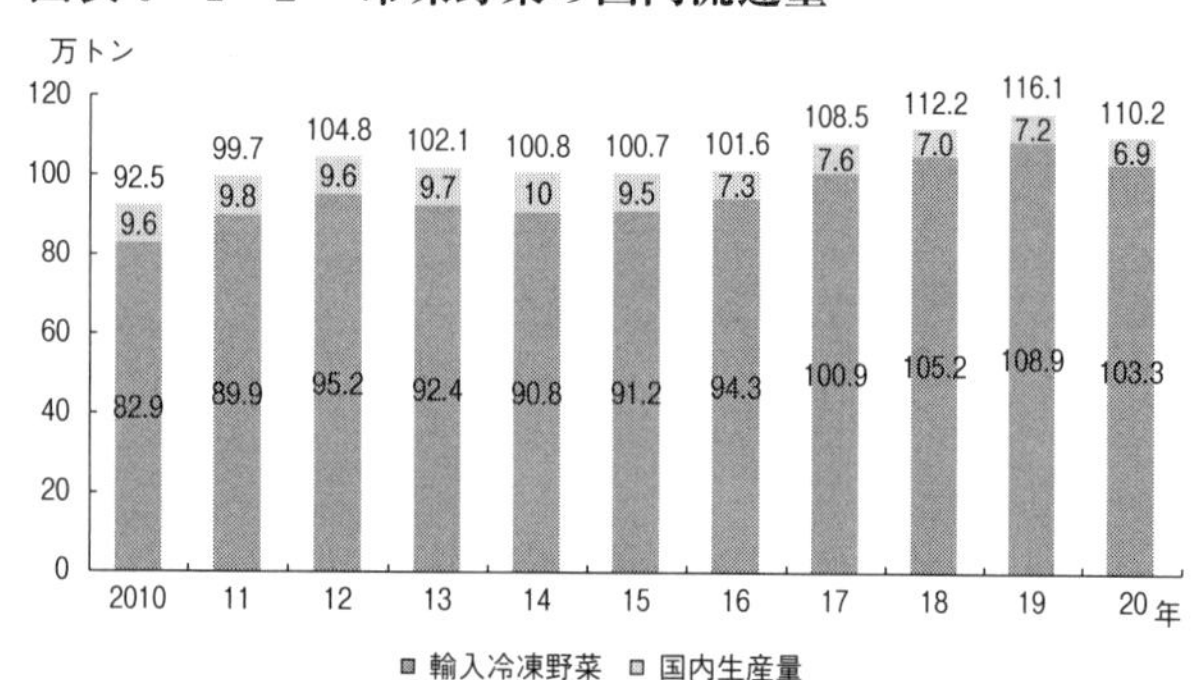

農林水産省「加工・業務用野菜をめぐる情勢」令和4(2022)年5月
一般社団法人日本冷凍食品協会「冷凍食品の生産・消費について」をもとに農林水産省作成
冷凍野菜の国内流通量は輸入冷凍野菜と国内生産量を合計した数値

にもかかわらず、現実には輸入品がよく使われる。

理由は、定時に定量を安定した価格で調達できるという加工・業務用の要求を国産よりも満たしやすいからだ。輸入品にも相場の変動はあるけれども、総じて安く、食品メーカーの要求に適いやすい。そのため、原料として重宝されてきた。

なかでも、外国産が圧倒的に多いのが、冷凍野菜。冷凍野菜の流通量は増加傾向にあり、二〇一二年以降は一〇〇万トンを上回っている。うち九〇万トン以上、近年では一〇〇万トン以上を輸入が占める。国産の量は減っているので、輸入を増やして流通量の伸びを賄っている状態だ（図表6－1－2）。

一般論として、加工食品の原料には、歩留まりを気にしなくていい冷凍が好まれる。生鮮に比べて、劣化の心配が少なく、年間を通じて安定的に供給できるからだ。

それだけに、冷凍野菜の流通量は今後も伸び続けるはずである。

このうち、国産の割合はどの程度なのかといえば、二〇二〇年時点でわずか六%にとどまる。このままでは、輸入量が一層増え、国内の産地はみすみす需要を逃すことになりかねない。せっかくの販売機会を失うというもったいない現状を見直すきっかけとなったのが、コロナ禍に伴う輸入の停滞だった。

†コロナ禍で国産化待ったなし

コロナ禍によるコンテナ船の滞留といった輸送の混乱、ロックダウンや感染拡大による食品工場や屠畜場の一時閉鎖、円安……。二〇二〇年以降、食料の輸入に影を落とす事態が相次いで起こった。

「加工・業務用の原料を国産野菜にしていこうという流れを作ったのが、中国です」

こう解説するのは、青果卸・株式会社彩喜（埼玉県川口市）の代表取締役社長（現会長）である木村幸雄（きむらゆきお）さんだ。木村さんは、野菜流通カット協議会という業界団体の会長でもあり、加工・業務用野菜の生産振興や流通の効率化、安全性と品質の確保・向上、消費の拡大などを目指して活動している。

中国が原料を国産にする流れを作ったとは、いったいどういうことか。異変が起きたのは、二〇二二年四月だった。

「「むきタマネギ」の製造工場が集中する中国・山東省の街が、新型コロナの感染拡大でロックダウンしたんです。国内で流通するむきタマネギの九〇〜九五%くらいが中国産という状況なのに、三週間ほど、ごく少量しか輸入できなくなった。それで、価格が倍くらいまで高騰しました」

多くの消費者にとっては聞きなれないだろう「むきタマネギ」だが、その輸入が止まったことで、国内のタマネギ価格は暴騰した。

じつは、野菜のうち、生鮮での輸入量が最も多いのがタマネギ。国内の流通量の二割に当たる二八万トンが輸入されていて、その九割を中国に頼る（二〇一九年時点）。

なかでも加工・業務用に好まれるのが、根と茎を切り落とし、皮をむいて、可食部だけにした「むきタマネギ」。皮をむく手間が省け、ゴミが出ず、歩留まりがいいので、食品製造業や飲食店で広く使われる。国産の供給量は少なく、統計データはないものの、木村さんが指摘するように中国産がほとんどを占めるとみられる。

中国からの輸入が止まったうえ、国内最大の産地・北海道が天候不順で不作になり、タマネギの国内流通量は急減した。北海道産の価格は、東京都中央卸売市場の卸売価格で平年はキロ一〇〇円前後だったが、四月末に四〇〇円近くまで値上がりした。青果流通に四〇年以上携わる木村さんは、「北海道産があそこまで高くなったのは初めて」と振り返る。

「輸入に伴うリスクは、これから下がることはなく、背負っていかなければならないのだと痛感したんです。加えて、たとえばホクレンでもむきタマネギの契約生産をしていますが、高くなっている中国産と、そんなに変わらない価格になるかもしれないという情勢になってきた」

中国は今後も経済成長を続けるはずで、同国における人件費が下がるとは考えにくい。しかも、ロックダウンによる感染拡大の封じ込めを図った「ゼロコロナ」政策や、その急な緩和が混乱を招くなど、安定供給に疑問符がつく。それだけに実需者は、中国から輸入を続けるリスクを考え直すようになっている。

ところが、こうした実需側の変化が「国内の生産現場に伝わっていない」と木村さんは不満顔だ。

「自分の周りだけ見るんじゃなくて、国内の市場がどう動いているかを見ないとダメ。なかでもタマネギやカボチャといった輸入が多い野菜は、海外の市場まで見ないとダメですよ」

業界関係者の集まりや、生産者や生産組織との交流の場があると、口を酸っぱくしてこう説いている。

†三重苦は逆にチャンス

実需側から国産化を望む声が出てきたことは、日本の農業にとって喜ばしいことだ。

木村さんは、現状について次のようにみている。

「コロナ、ウクライナ危機、円安の三つが重なった今の社会環境は、逆にいいチャンス。なかでも消費の伸びる冷凍野菜は、原料の国産化に冷凍食品会社も含めて本気で向き合うまたとない機会を迎えている」

しかし、残念ながら国内では、量と質、価格ともに中国産のように安定して冷凍野菜を調達することが難しい。というのも、冷凍野菜の製造工場は、「一五年ほど前まで国内にそこそこあった」（木村さん）。ところが、食品会社が円高や人件費の高さなどを理由に海外から調達するようになったことで、数を減らしてしまった。冷凍野菜の供給拡大については、国内最大の農業組織であるＪＡグループも検討してきたが、順調には進んでいないという。

木村さんは、生産者側が実需者との接点を十分に持てなかったために、供給体制を築けなかったと指摘する。

そこで、協議会の会員である生産者や産地、加工業者や流通業者と、冷凍食品会社を結びつける活動をしている。

「いずれ、どんな仕様の製品を、どのくらいの量を使うかという話を冷凍食品会社と詰めていかないといけない。その需要に対して、現状の生産体制では供給が無理となると思います。しかし、今までにない発想で向き合えば、供給が可能になるんじゃないか」

その一例として挙げるのが、作付面積も輸入量も右肩上がりを続けるブロッコリーだ。栄養価が高く、緑色が鮮やかで見栄えがする「緑黄色野菜の優等生」で、人気の高さから全国的に生産されるようになってきた。

だが、このままいくと、過剰生産で、価格が下落する可能性もあると木村さんはみている。そうならないように、可食部の大部分を占める花蕾をそのまま小売店で売るという国産ブロッコリーの既存の売り方に加え、花蕾をカット、洗浄して袋詰めしたものや冷凍したものを増やそうとしている。

通常、花蕾は直径一二センチと相場が決まっているが、カットして売るなら、より大型の品種も使える。直径二〇センチになる品種もあり、従来の一二センチのものに比べて収量が格段に上がる。

「直径一二センチのブロッコリーをとるのに、一〇アールに四〇〇〇〜四五〇〇株ほど定植し、通常一トンを収穫します。それが、二〇センチの大型サイズだと、三〇〇〇株くらい定植し、三トンとれます。大きな変化が起きるんです」

反収が従来の実に三倍になるわけで、そうなれば、新たな消費拡大と、輸入していた部分の国産化が可能だと、木村さんは見込む。

収穫の仕方も、農家が包丁を持ち腰をかがめて一つずつ切り取っていくのを、収穫機に置き換えることで、大規模かつ効率的な栽培を可能にしたいという。収穫機はヤンマーが発売していて、ブロッコリーを引き抜いたうえで、花蕾の周りの葉と余計な茎を切り落とす。

ただし、収穫機を使うには生育をそろえる必要があり、現実には手収穫も残りそうだ。だが、同じ手収穫をするにしても、大型品種にすれば収穫回数がおよそ三分の一になるうえ、葉を切り落とす手間も省けると木村さんは話す。

直径一二センチ前後で出荷するには、農家は収穫適期を逃さないために圃場に八〜一〇回も収穫に入ることになる。花蕾の下の軸を一〇センチほど残して収穫し、周囲の葉を五カ所ほど切り落とす。その点、大型の品種は直径を神経質になってそろえる必要がないぶん、圃場に入るのが三回で済む。さらに、カットすることを前提としているので、軸を残さず花蕾の直下を切り落とすため、余計な葉を落とす必要はない。

「品種も、作り方も、販売の仕方も、すべて大きく変化させていく」

すでにある生鮮流通の必要量は確保しつつ、大規模化と機械化で増産できる分を冷凍の需要に振り向けていく。そんな未来図を思い描く。

「少子化と人口減少が進んでも、皆さんの食生活に必要な野菜は、輸入に頼らずに国産で賄えるんですよ。毎日食べる生鮮野菜に加えて、冷凍野菜や冷凍食品の原料も国産を選ぶというふうに消費者が意識して購買行動を変えてもらえれば、十分いけるはずです」

†介護食品の規格UDF

加工・業務用の需要を国内の産地が取り込むには、どうすればいいのだろうか。

そのヒントを得られないかと、ある業界団体を訪れた。その名も、日本介護食品協議会（以下、協議会）。

協議会は、食べやすさに配慮した介護食品を後ほど概説する「ユニバーサルデザインフード（UDF）」と定めて、その基準作りや普及活動をしている。

高齢化に伴う介護食品の需要増は今に始まったことではなく、国内の食品メーカーはもともと介護食の開発に熱心だった。しかし、メーカーごとに製品の規格や表示方法がばらばらで、利用者を混乱させてしまっていた。

そんな状況を改めようと、メーカーが中心となって、二〇〇二年に協議会を設立。〇三年には統一規格を定め、これに適合する製品をUDFとした。

このUDFは、生産数量ベースで年率数十%という驚異的な成長を続けてきた。ただし、二〇二一年はコロナ禍の影響を受けて需給が不安定になり、生産数量は前年とほぼ同水準に留まった。そうではあるが、高齢者の増える人口減少時代にあって、間違いなく伸びしろの大きい食品分野の一つである。

UDFは、レトルト食品や冷凍食品、粉末状のものまで、さまざまな形態がある。食べやすさに応じて四段階の区分と、飲食物に加えて適度なとろみを付けられる「とろみ調整食品」、どれにも当てはまらない「拡張」に分かれている。

四区分は、①容易にかめる、②歯ぐきでつぶせる、③舌でつぶせる、④かまなくてよい——だ。拡張は、通常はかたい食品であっても、温度や水分などの条件が加わった際、食べやすく変化する特徴を持ったものを登録する。二〇二〇年に新たに設けられた枠だ。商品のパッケージには、UDFマークと区分が明示される。

ここ数年でとくに伸びたのが①だ。食べやすさを重視して日常の食事に取り入れる人が増えていることに加え、製パン大手がこの区分に該当する、耳までやわらかい食感のパンを二〇一九年に登録し、市場が一気に広がった。一八年に約二万四〇〇〇トンだった生産量は、一九年に約五万八〇〇〇トンと倍以上に急増し、出荷額は約二八六億円から約四三〇億円まで伸びた。このこともあって、UDFの市場規模は、出荷額ベースで二〇二〇年に五〇〇億円を突破した。

在宅介護や介護施設の利用者の増加、飲み込みやそしゃくに困難を感じる高齢者の利用増で、業務用・家庭用のいずれも拡大傾向にある。

協議会が行ったインターネット調査によると、その認知率は一二・二％で、「食事介護者あり世帯」に限れば二二・四％となっている。認知率がまだ低い分、成長の余地も大きいと言えそうだ。

加えて、その販売価格は、乳児を対象とするベビーフードと比べても高い。ということは、国産の農産物を使った付加価値の高い商品づくりをしやすいのではないか――。そんな勝手な期待を胸に、協議会を訪ねたのだった。

†外国産に置き換わる条件

結論から言うと、協議会では加盟する九一社（二〇二二年一〇月時点）の原料への嗜好性、つまり国産を使っているか、今後使いたいかどうかを把握していない。そして、UDFに割高感がある分、国産を使いやすくなるかというと、残念ながらそうではないという。

「一つのアイテムの製造数が多くなかったり、食べやすく加工するために人の手をかなり入れなければならなかったりするのが、割高になる要因です。価格をどう落ち着かせるかを、製造する企業は模索しています」

協議会事務局長の藤崎亨（ふじさきとおる）さんがこう解説してくれた。

「国産の原料を使うことについては、企業はやぶさかでないのではないか」としつつも、定時に定量を安定価格で調達できるという、加工食品に一般的に求められる条件を満たすことが必要だろうと指摘する。

例外があるとすれば、そもそも国内で流通しているほとんどが国産であるコメだ。たとえばおかゆのようにコメを使ったＵＤＦなら、国産米を使った商品がほとんどのはずではある。

なお、国産原料に有利となるかもしれないＵＤＦならではの特徴もある。

「ＵＤＦは、加工食品としては、一アイテム当たりの製造数がそんなに大きくありません。「多品種少量」と言われる分類に当たります。そういう意味では、国産原料を供給できる余地は、工夫次第であるかもしれません」（藤崎さん）

一製品の製造数が大きい一般的な加工食品に比べて、必要となる原料が少ない分、中国産などに比べて出荷の単位が小さくなりがちな国産でも、安定供給できる可能性はあるわけだ。

ＵＤＦは、公益社団法人日本缶詰びん詰レトルト食品協会の前身である日本缶詰協会が介護食のガイドラインを定めようと二〇〇〇年に招集した会合（介護食のＧＭＰガイドライン策定打合会）に端を発している。レトルト食品の市場規模が二五〇〇億円を超えているのに対し、ＵＤＦの市場はまだ五〇〇億円超にすぎない。

一つのアイテムが登場しただけで全体の売上額が大きく増えるような発展途上の段階にある。

成長の可能性を秘めているジャンルだけに、農産物の新たな流通先として注目しておくべきだろう。

2　調理しない未来を予想する農業生産法人

†時短の要求

調理時間をとにかく短くして、食においても簡便さ、利便性を追求したい。そんな消費者の欲求は留まるところを知らない。私たちの周りには、「時短調理」「時短レシピ」「時短グッズ」など、調理時間を短くするための情報や商品があふれている。電子レンジで調理する「レンチン」や、洗い物が不要で手が汚れない「ポリ袋レシピ」まである。

消費者による利便性のあくなき追求は、食の形をどう変えていくのか。そんな未来の変化まで見越して経営している農業生産法人はまだ珍しい。それだけに、取材した役員の口から次のような言葉が飛び出したときは、思わず膝を打った。

「今後も、食品の消費の形は変わっていくでしょう。コンロの形が二〇年内に変わるだろうと言われていて、電子レンジの形も変わるでしょうね。調理をしないで、できあがった商品をそ

写真34　サンアグリフーズの製造工場

のまま食べるようなニーズにも、目を配りながら経営していかないと」

その農業生産法人は、宮崎県都農町のサンアグリフーズ株式会社だ。太平洋日向灘に面した海岸線から二キロほど内陸に、黄緑と白を基調にした食品製造工場を持つ。食品安全規格の一つで、HACCP（ハサップ）をはじめとする三つの要求を満たす「JFS－B規格」を取得し、高菜やしば漬け、大根のつぼ漬けなどを製造する（写真34）。

土地依存型のアグテックの試み

ふつうの漬物工場と大きく違うのは、原料の野菜を自社農場や契約農家から調達し、育苗から収穫まで誰がどのように管理したかという生産履歴をたどれること。そして、敷地内に新たに肉の加工場を建設し、二〇二二年三月から稼働させていることだ。代表取締役社長（現在は会長）の磯部辰則さんは、グループ会社で和牛の繁殖・肥育を担う有限会社アグテックの会長でもある。

「昔の農業というのは、牛が二頭いて、そのふんからできる堆肥を田んぼなり畑なりに還元して野菜やコメを作る流れがあったんですね。そのイメージをグンと広げて、それなりの頭数の繁殖や肥育をしつつ、田畑に堆肥を還元する、効率のいい循環型の経営体を作りあげたい」

磯部さんは、こう考え、一九九五年に農業法人アグテックを自身を含む農家三戸で設立した。三戸が集まることでスケールメリット（規模拡大による効果）を出しつつ、磯部さんが言う「土地依存型」を目指した。「土地依存」というとネガティブな印象を持ちそうになるが、決してそうではなく、流通飼料に依存せずその土地に密着した農業を営むというポジティブな意味だ。

アグテックは、子牛や母牛、肥育牛合わせて八〇〇頭を飼育し、二五ヘクタールで牧草、デントコーンといった飼料作物や野菜を生産している。肥育牛の頭数を増やし規模拡大にまい進する畜産業者が多い中、磯部さんは畜産だけを急速に拡大することには慎重だ。

「規模を極端には大きくしないで、効率の良い、かつ地域に密着した生産活動をというのが、うちの哲学なんです。肥育牛だけで一〇〇〇頭、二〇〇〇頭飼うとなったら、堆肥が余って野積みをしたり、人に迷惑を掛けたりといった話にもなりかねません。地域の中で、人に迷惑を掛けないようなしくみを作りたいという思いがずっとありました。創業から二〇年以上経った今、そのやり方が時代に合ってきたのかな」

人に迷惑を掛けないようなしくみは、循環が成り立つ範囲でスケールメリットを出せる頭数を飼い、堆肥を使って飼料作物や野菜を作ることで実現している。

「海外産のワラや牧草を注文する方が、自前でトラクターや人、燃料を使って飼料作物を作るより楽ですよね。ただ、そういう経営をしていては、これから行き詰まる」(礒部さん)

現に、燃料費や穀物の国際市況の高騰などを受けて、海外産の穀物に依存しがちな肥育専門の業者は資金繰りに苦しむところも少なくないようだ。「土地依存型」であることの良さが、今まで以上に感じられる時代になってきた。

†リスクヘッジとしての野菜

アグテックは二〇一〇年、創業以来最大の危機に直面した。家畜伝染病の口蹄疫が宮崎県で大流行し、全頭殺処分を経験したのだ。

「六八〇頭ほどを処分して、社員も抱えている中で、どうしようかと。そのとき残ったのが農産部門で、いろいろな野菜の生産で仕事を続けられたところがありました」

礒部さんはこう振り返る。そこで、畜産の再建に加え、リスクヘッジ(危機回避)の意味も込めて野菜の生産や販売も事業の柱にしようと考える。そして、翌二〇一一年には新富町の北に位置する都農町で、サンアグリフーズを立ち上げた。同社は漬物と肉の加工工場を持ち、農地一・五ヘクタールで野菜を生産する。

「自分で牧草を育てて牛も飼って、場合によっては野菜も栽培して、自前で加工して販売していくという一貫した流れ。これが作れたら、経営として一番強いだろう。そして、消費者に向けて安心、安全なものを一番安定的に供給できるだろう」

礒部さんはそう考えたのだ。高菜の消費が伸びていることもあり、高菜を中心に漬物を製造してきた。食品メーカーや大手コンビニエンスストアとも取引があるほか、自社サイトでの通販も手掛ける。

†加工品で、畑と消費者をつなぐ

また、近隣の農家一三軒にも加工品に使う野菜を契約栽培で生産してもらっている。グループ内、あるいは地元で原料を調達するため、生産履歴が明確にできるのが強みだ。

同社が加工を担うことで「畑と消費者をつなぐ」。契約農家も稼げるし、同社も良い加工品を作れて、良い商品提案ができる――。そんな好循環を作っていくことを会社の使命だと捉えている。

同社では、伝統的な漬物の枠を超えた加工品の開発を進めてきた。たとえば数量限定で販売した「ワインに合う大人のピクルス」は、町内にあるワイナリー・都農ワインの醸造家の協力を得て、ワインとの相性を追求し開発した。

二〇二二年四月には、自社生産したハバネロを塩漬けにした「FRESH HABANERO（フレッシュハバネロ）」も発売している。天日塩のみで味付けし、激辛ながらもフレッシュさとおいしさを感じられる味に仕上げた。

こうした商材が伸びていけば、農家に「こういうものを作ってもらえませんか、うちでしっかり加工していきます」といった提案ができるようになる。地元の農家と、社内の発酵の技術を持った職人という人材を生かし「他社ができないこと」を追い求めている。

加工によって農産物の付加価値を高め、地元の農業を引っ張れるような存在になりたい――。礒部さんの構想する未来に向かって、アグテックとサンアグリフーズは挑戦を続けている。

3　不調のコメ、好調のパックライス、冷凍米飯

日本の農業産出額は八・八兆円（二〇二一年時点）。この三〇年間の推移を品目別に見ると、畜産は二・九兆円から三・四兆円、野菜は二・五兆円から二・一兆円、果実は一兆円から〇・九兆円となっており、いずれも数千億円単位の変動と、そう大きくは変わっていない。

一方で、コメを見てみると、三・四兆円から一・四兆円と半分以上減っており、別次元の落ち込み方をしている。農業総産出額はこの間に二・四兆円減ったことになる。このうちの八割以上がコメの減額分なのだ（図表6－3－1）。

コメは、他の主食と比べても、やはり突出した落ち込みを見せる。穀物四品目（コメ、パン、麺類、その他）の消費金額が今後どのように推移するか、公益財団法人流通経済研究所が予測しているのだ。それによると、二〇三〇年は二〇一六年と比べ、四品目すべてで消費金額が減少する。ただし、残りの三品目がせいぜい五％台の落ち込みなのに対し、コメは一七・八％の減と他を圧倒している。

人口の減少とともに、コメ余りは加速しており、近年は年間の消費量が一〇万トンを超える勢いで減っている。農林水産省はその要因を人口減少やコロナ禍に求めがちだが、ここまで急激に需要が減っている最大の原因は生産調整、いわゆる減反政策にある。

一九七〇年に始まったこの政策で、コメが供給過剰にならないように作付けを抑え、米価を高く維持してきたからだ。こうして作り出された高米価が、消費をより冷え込ませてしまった。

平成20年
2008年

令和元年
2019年

.3	8.3	8.5	8.2	8.1	8.2	8.5	8.5	8.4	8.8	9.2	9.3	9.1	8.9	8.9	8.8	
.2	1.1	1.1	1.1	1.0	1.0	1.0	1.0	1.0	1.0	1.0	1.0	0.9	0.9	0.9	1.0	← その他
.5	2.5	2.6	2.5	2.6	2.6	2.6	2.7	2.9	3.1	3.2	3.3	3.2	3.2	3.2	3.4	← 畜産
.8	0.8	0.7	0.7	0.7	0.7	0.7	0.8	0.8	0.8	0.8	0.8	0.8	0.8	0.9	0.9	← 果実
.1	2.1	2.1	2.1	2.2	2.1	2.2	2.3	2.2	2.4	2.6	2.5	2.3	2.2	2.3	2.1	← 野菜
.8	1.8	1.9	1.8	1.6	1.8	2.0	1.8	1.4	1.5	1.7	1.7	1.7	1.7	1.6	1.4	← 米
.1	3.0	2.8	2.6	2.8	2.8	3.0	2.9	2.8	3.3	3.8	3.8	3.5	3.3	3.3	3.3	

2010年

2020年

図表6－3－1　農業総産出額及び生産農業所得の推移

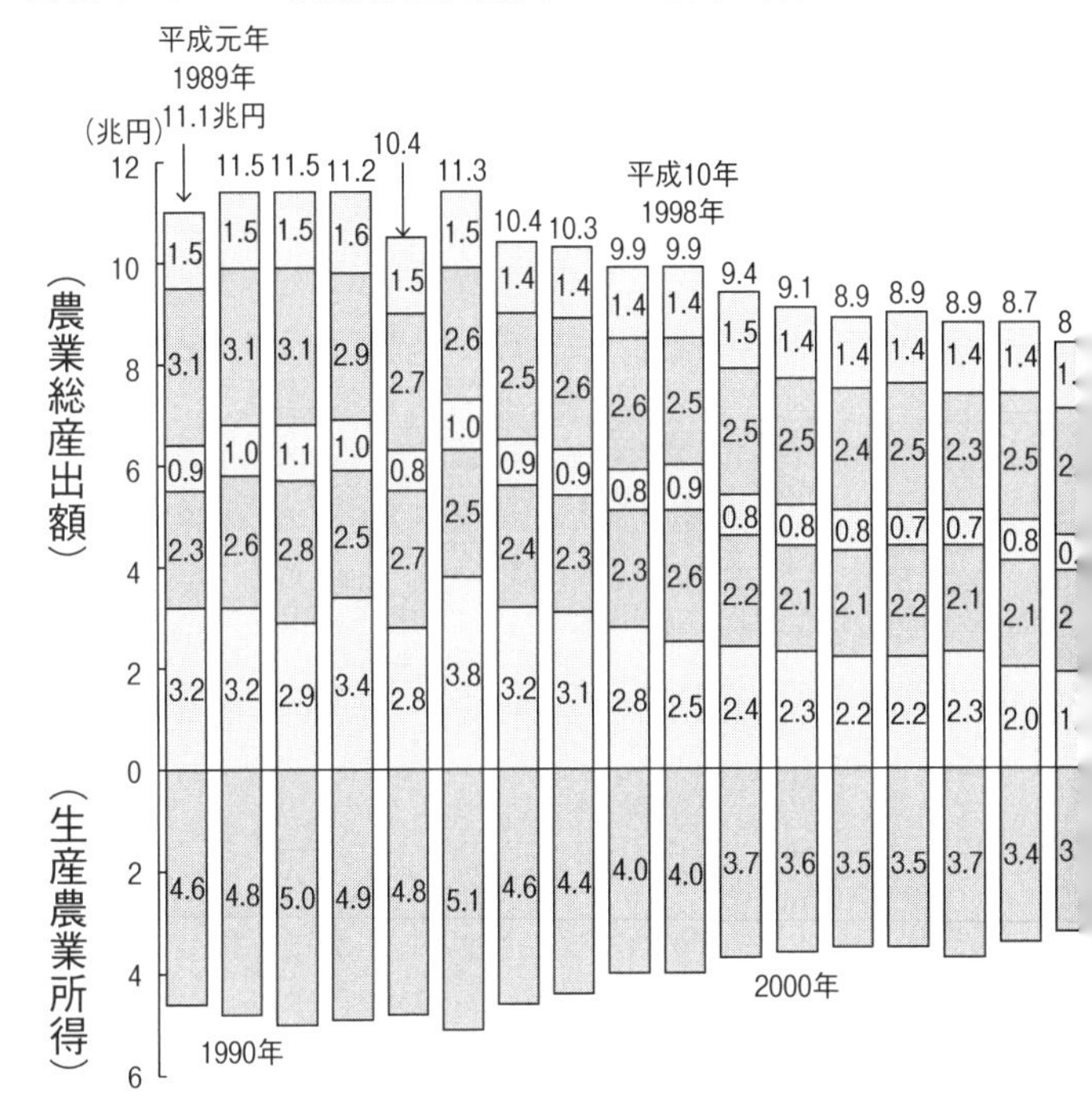

農林水産省の資料より
https://www.maff.go.jp/j/tokei/kekka_gaiyou/seisan_shotoku/r3_zenkoku/index.html

図表6－3－2　コメの消費における家庭内及び中食・外食の占める割合（全国）

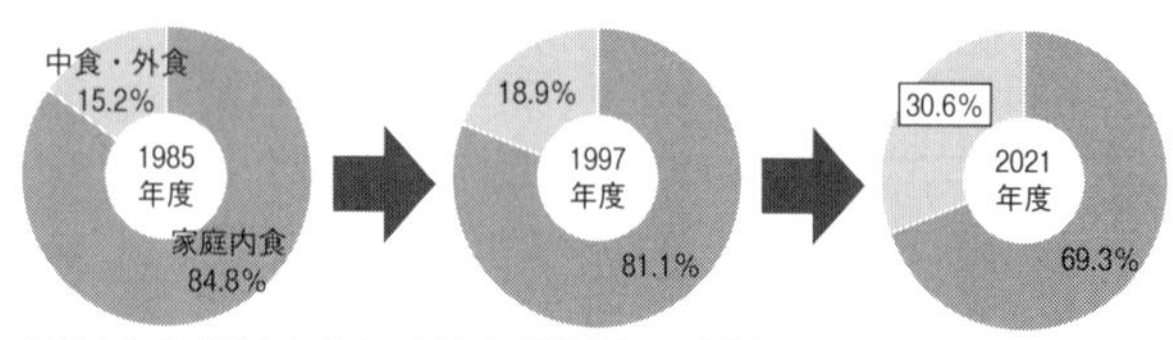

農林水産省「米の１人１ヶ月当たり消費」及び「米の消費動向調査」

このことは、農林水産省も認めている。

†ブランド米と消費者ニーズのミスマッチ

さらに、米価が高止まりしがちな理由に、いわゆる「ブランド米」の道府県による開発競争がある。新品種を次々とデビューさせた結果、価格帯の高いコメが過剰に供給される一方で、値ごろ感がありか加工・業務用に使われるいわゆる「業務用米」が品薄になりがちだった。米穀卸や業界関係者の間では、「いまやブランド米が業務用米を圧迫する一因になっている」と言われている。

ブランド米は、コメ消費の主力である家庭での炊飯がメーンターゲットだが、需要は下落傾向にある。

一方で、全体の三割を超える中食・外食で使われる業務用米は増加傾向にある（図表6－3－2）。

つまり、川下にいる実需者のニーズとは裏腹に、川上の産地でコメを高く売りたい、地域のブランドを打ち立てたいという思いが先行し、ミスマッチが起きた。

その結果、「業務用米はもはや存在しない」と、中食・外食向けに米飯を提供する業者でつくる日本炊飯協会（東京都）の福田耕作顧問（当時）が宣言するほどの品薄と高騰が二〇一六～一九年に起きる。中食・外食業者はパックご飯やおにぎり、ご飯を使ったメニューを値上げしたり、価格を据え置く代わりにご飯の量を減らしたり、主食をパスタにしたパスタ弁当を増やしたりと、さまざまな対応をとった。いずれも、ただでさえ減っているコメの需要をさらに押し下げる効果を果たしたはずだ。

失政もあって、コメの消費量が年々減っているなか、それを尻目に業績を伸ばし続けているコメを使った商材もある。それが「包装米飯」いわゆるパックご飯。それから、冷凍米飯のなかでもとくに冷凍炒飯だ。

米離れで、パックごはんがすすむ

「米離れで、パックごはんがすすむ」。こんな刺激的なタイトルのプレスリリースが二〇二二年一〇月末に公表された。こう高らかに宣言したのは、パックご飯大手のサトウ食品株式会社（新潟市）。一九八八年に世界で初めて無菌包装米飯（パックご飯）の「サトウのごはん」を発売した、このジャンルの草分けであり、パックご飯の売上額は国内最高とみられる。

「サトウのごはん」の売上は、二〇二一年度に二五三億九七〇〇万円で、一九年度に比べて二〇・八％増と大幅に伸長。直近の二二年度第一四半期は五六億八六〇〇万円で、前年同期比一四・〇％増と過去最高の実績になったとプレスリリースは伝える。そのうえでこう続ける。

「この一〇年間で主食用米の需要は約九〇％と下降しておりますが、同期間比較での当社売上高推移は、約二倍、主力商品五食パックは二・六倍となっており、その伸長は当社の想定を遥かに上回る急伸長となっております」

主食用米が一割需要を減らした間に、売上高が二倍になった。その理由は主に次の三つにあるとする。

コロナ禍で家庭内食が増えたというライフスタイルの変化に適していたこと。家庭で炊くご飯以上の「炊きたてのおいしさ」を目指した「サトウのごはん」というブランドが、より多くの消費者に受け入れられるようになったこと。パックご飯の位置づけが、災害に備える備蓄用や急にご飯が必要になった時のための「お助け食品」から、主食そのものに変化していることだ。

同社を含むパックご飯の市場規模は拡張を遂げている。農林水産省の「食品産業動態調査」によると、無菌包装米飯（パックご飯）の二〇二一年の生産量は二〇万六〇〇〇トンで、一九年に比べて一二・八％伸びた（図表6‐3‐3）。

パックご飯は右肩上がりの成長を続けていて、まだピークには達していないとみられる。一九八八年の発売当時は、パックご飯に限らず、冷凍食品や惣菜のようなでき合いの食品を買うことが「手抜き」と捉えられがちだった。そうした風潮は様変わりし、電子レンジもほぼ一家に一台あるところまで普及した。

コメの需要が減るなか、パックご飯の需要が増す。一見矛盾したこの現象は次のように謎解きできる。

図表6-3-3　無菌包装米飯の生産量の推移

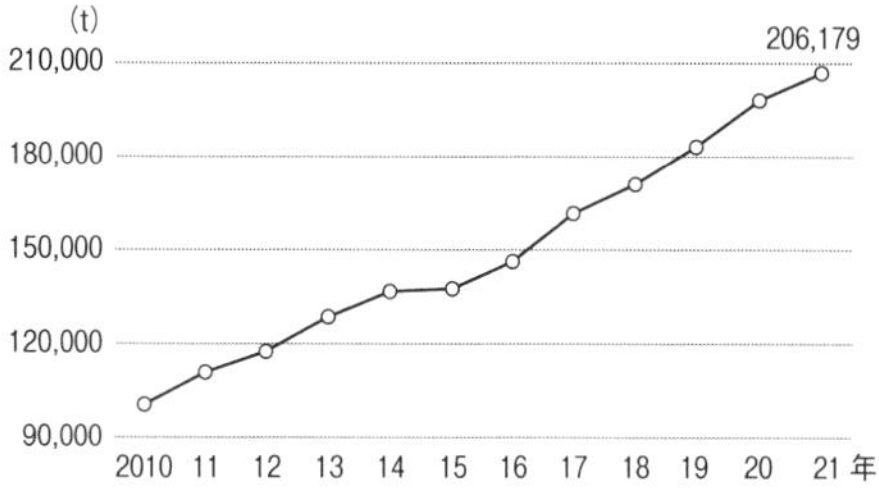

(t)
210,000
180,000
150,000
120,000
90,000
2010 11 12 13 14 15 16 17 18 19 20 21年
206,179

農林水産省「食品産業動態調査」

コメ以外を主食にすることが増えた理由の一つは、炊くのが面倒だから。無洗米を使う場合もあるにせよ、一般的にはコメを研いで水を吸わせて、四〇分から五〇分かけて炊飯して蒸らす。食事のなかでは調理時間が長い。

ご飯を炊く時間はない。でも、あたたかいご飯を食べたい。そんな需要にピタリとはまったのが、パックご飯というわけだ。

自宅で炊飯する場合に比べて、パックご飯は高価なものだ。それでも買い求められるのは、ご飯を炊く時間と手間を買われているとも言える。

予想以上に需要が伸び、いまや「サトウのごはん」は品薄状態になっている。そこで、約四五億円をかけて既存のパックご飯専用工場の「聖籠（せいろう）ファクトリー」に新たな生産ラインを増設し、二〇二四年に稼働させる。増設により「サトウのごはん」の生産能力は、現在の日産約一〇三万食から一二三万食まで拡大する。年間四億食が供給できる計算だ。

そもそも、聖籠ファクトリーは、同社にとって三つ目のパックご飯専用工場だ。二〇一九年に約五〇億円を投じて建てられ、日産二〇万食、年間六五〇〇万食の生産能力を持っている。大幅な増産を可能にする工場だったのだが、それでも間に合わず、今回生産ラインを増設するに至った。

業界関係者はパックご飯の将来をこう占う。

「市場規模は七〇〇億円程度で、まだまだ小さい。顧客は、高齢者が非常に多く、高齢化につれて、需要も増えると想定される。時短という部分でも、まだまだ使ってもらえる場面はあるはずで、将来的にはコメ全体の一％程度を使うまで拡大しうる」

パックご飯同様、主食用米の需要が減るなかで右肩上がりの成長を見せるのが、冷凍炒飯だ。炒飯のほかにピラフやおにぎり、その他の米飯類を含む冷凍米飯全体は、ここ数年伸びが鈍化している。そんななか、炒飯は成長を続けてきた。

冷凍食品大手の株式会社ニチレイフーズは、今後も冷凍炒飯の市場規模は広がり続けると予測している。船橋市に炒飯やピラフといった米飯専用の工場を持つが、「東西二拠点体制で旺盛な需要に対応」するとして、福岡県宗像市に約一一五億円を投じて米飯工場を建設する。完成すれば、炒飯をはじめ、炒める工程の伴う米飯の生産能力が現在の一五〇%まで拡大するという。

二〇二一年時点の冷凍炒飯の国内生産量は約一〇万トン、冷凍米飯全体だと約一九万六〇〇〇トンになる（一般社団法人日本冷凍食品協会調べ）。

冷凍炒飯にせよ、パックご飯にせよ、成長を続けるのは間違いない。原料としてのコメの需要は年を経るごとに拡大するだろう。こうした旺盛な需要を捉えていくことが、今後のコメ産地には欠かせない。

4　民間発の小麦国産化

†国産小麦というブルーオーシャン

コメに代わって主食の座を獲得したと言ってもいいパン。第一章でみたように、その課題は、外国産小麦（外麦）への依存度が高いことだ。

国産小麦は、供給がまるで追い付かないほど需要がある。このブルーオーシャンと言える市場に目を付け、水田で転作作物として小麦を作る生産者が出てきた。その一人が、滋賀県は近江八幡市で水田三一五ヘクタールを経営する株式会社イカリファームの代表取締役・井狩篤士さんだ。「コメを止めて小麦一本でいこうかとまで思ってるんですよ」と、実に野心的である。

本社を訪れるとまず目に飛び込んでくるのは、道路沿いに立つ明るいオレンジ色の外壁の乾燥調製施設（写真35）。パン用に向く超強力品種のための設備として、補助金も使って整備した。

写真35　イカリファームの乾燥調製施設

井狩さんは「滋賀県を小麦王国にする」と宣言している。県産小麦を増産していき、県内で自給圏をつくる構想を持つ。小麦の自給率を高めることに加え、田んぼを余らせがちな水田農業を変革する意味もある。その実現に当たり、乾燥調製施設は重要な拠点になる。

同社で生産するのは、収量の高さで知られる超強力品種「ゆめちから」と、強力品種「ミナミノカオリ」。乾燥調製施設で処理する小麦の過半は、近隣の農家から集荷する。小麦を出荷する農家は二〇二一年産で一五軒、二三年はさらに二八軒まで増えた。

†小麦の高い収益性

小麦の生産が増えているのは「単位面積当たりの所得はコメの三倍になる」という収益性の高さが大きい。米価下落の出口が見えないなか、「コメの収支は正直、トントン」。同社では、作物の生産原価と販売や交付金による収入を正確に計算している。それによると、「一番収益が低いのが、コメの中でも反収の低い品種。大豆はまあまあ。圧倒的に小麦の収益が高い」のだ。

毎年一〇〜一五ヘクタールずつ預かる農地が増えており、増えた分はコメ以外の作物をなるべく増やすようにしている。その結果、今ではコメ、小麦、大豆の生産面積がそれぞれ七〇、一二〇、一二五ヘクタールと、ほぼ拮抗している。自社の生産の伸び以上に、提携する農家が増えているので、小麦の取扱量の増加は既定路線だ。

小麦を順調に増やしているイカリファームだが、新たに作り始める際にはリスクもあった。業界で輸入小麦の使用が前提となっているため、業者が扱うロット（最小の単位）が大きく、買い取り価格が安いからだ。

ゆめちからを生産するきっかけは、同県長浜市で学校給食用のパンをつくる丸栄製パン株式会社から声を掛けられたことだった。同社は県産小麦だけのパンを作りたいと考えていたが、県内で栽培が普及している中力品種だけではパンにならない。添加材として、超強力のゆめちからが必要だった。そこで、経営者が若くてやる気のある農業法人と見込み、イカリファームに白羽の矢を立てた。

生産者の顔が見える地場産の小麦を作りたいと、井狩さんはゆめちからの栽培に挑戦する。まず種の確保に苦労し、次いで「滋賀県産ゆめちから」を名乗れるように産地品種銘柄の指定を受けるのにも苦労した。

小麦は買取価格が安いため、畑作物の直接支払交付金を受ける必要がある。そのためには産地品種銘柄の指定を受けなければならない。三年かけて栽培試験をし、生育に関するデータを収集した。それを基に農林水産省に産地品種銘柄を申請し、審査を通過した。

井狩さんは、小麦の収益性の高さをことあるごとに周囲の生産者に話してきた。それでも、「ほかの生産者は、急にはなびかない。しばらく様子を見ている」。イカリファームが生産量を増やして実績を積み上げても、自分もと手を挙げる農家は、なかなかいなかった。

それが、ここ一、二年で状況が大きく変わっている。

「米価が大変で、飼料用米の補助率が下がるというのもあって、うちの強力小麦のフローに乗せてくださいという生産者は一気に増えましたね。滋賀県だけではなく、県外の生産者からも声が掛かっていて、かなりの量になります」

実需者の求めるロットは大きく、出荷量が多いほど歓迎される傾向がある。

「生産者をまとめて、たくさん使ってくれるところに卸す。生産者と実需者をつないでいくのが、僕の仕事」

自らの役割をこう受けとめている。それだけに、新たな施設の整備に乗り出した。乾燥調製施設の道路を挟んで向かい側にあった広い空き地に二〇二二年、低温倉庫を建てた。

「貯蔵のための置き場がなくなって。低温倉庫を持つ物流会社は、空いていると入れてくれるんですけど、自分たちの荷物の置き場がなくなったら、僕らの小麦は持って出てくださいとなる。それで非常に困って、自分たちで建てないといけないと決めたんです」

乾燥調製施設にも貯蔵機能はあるが、それでは到底足りなくなっているのだ。倉庫に仮置きした小麦をコメの乾燥調製が始まるまで、あるいは一段落ついた冬に調製すれば、施設をずっとフル稼働できる。

「そうすると、施設の稼働率が上がるので、それだけでも会社の経済状態が非常に良くなる」

こう期待している(写真36)。

写真36　井狩篤士さん、史子さん夫妻（同社の乾燥調製施設で）

備蓄制度がない

　井狩さんのように、実需者と連携して小麦の「フード・バリュー・チェーン」を築く動きが各地で生まれつつある。フード・バリュー・チェーンとは、農業生産から製造、加工、流通に至るまでの付加価値をつなぐ連鎖をつくることをいう。民間からこうした動きができている点が、国による統制が続くコメとは、好対照をなしている。

　その構築に当たっては、課題もある。連携できる製粉会社の少なさと、備蓄施設の不足だ。

　製粉業界は、大手企業の寡占状態にある。大手の製粉会社は、小麦を輸入することを前提に沿岸部に工場を建ててきた。その一方で、国産小麦を扱ってきた内陸部の製粉会社は衰退していき、いまや数えるほどしか残っていない。しかも大手は一般にロットの大きい外麦を好むので、生産者は製粉を任せる先を見つけるのに苦労する。

　備蓄施設は、実需者に小麦を安定的に供給するうえで欠かせない。近年の異常気象もあって、生産を安定させることは簡単ではないからだ。コメは、不足に陥らないように政府が備蓄制度を運用している。対して、小麦にはこうした備蓄制度がない。

国は、主食の原料供給を増やすことを重要な課題と捉えている。そうであれば、備蓄施設の整備を支援することは、欠かせない対策になるのではないか。

5 人口減少でも増えるチーズの需要

†酪農家の経営を分析する食品メーカー

生乳の国内生産量は、一九九六年度をピークに減少を続け、二〇一九年度から回復に転じた。国内の生乳生産量が減るなか、輸入量は拡大し、自給率は二〇二〇年度に上昇に転じるまで下がり続けていて、二〇二一年度は重量ベースで六三％である。輸入している四六九万トン（二〇二一年度、生乳換算）のほとんどを占めるのが、チーズだ。

チーズの総消費量は、人口減少をものともせず、二〇一九年度まで五年連続で過去最高を更新してきた（図表6－5）。二〇年度は、一九年度並みの三五万トン超だった。食の洋風化と、健康志向の高まりで消費を伸ばしている。国産チーズの消費量も徐々に伸びてきた。

図表6-5　チーズ総消費量

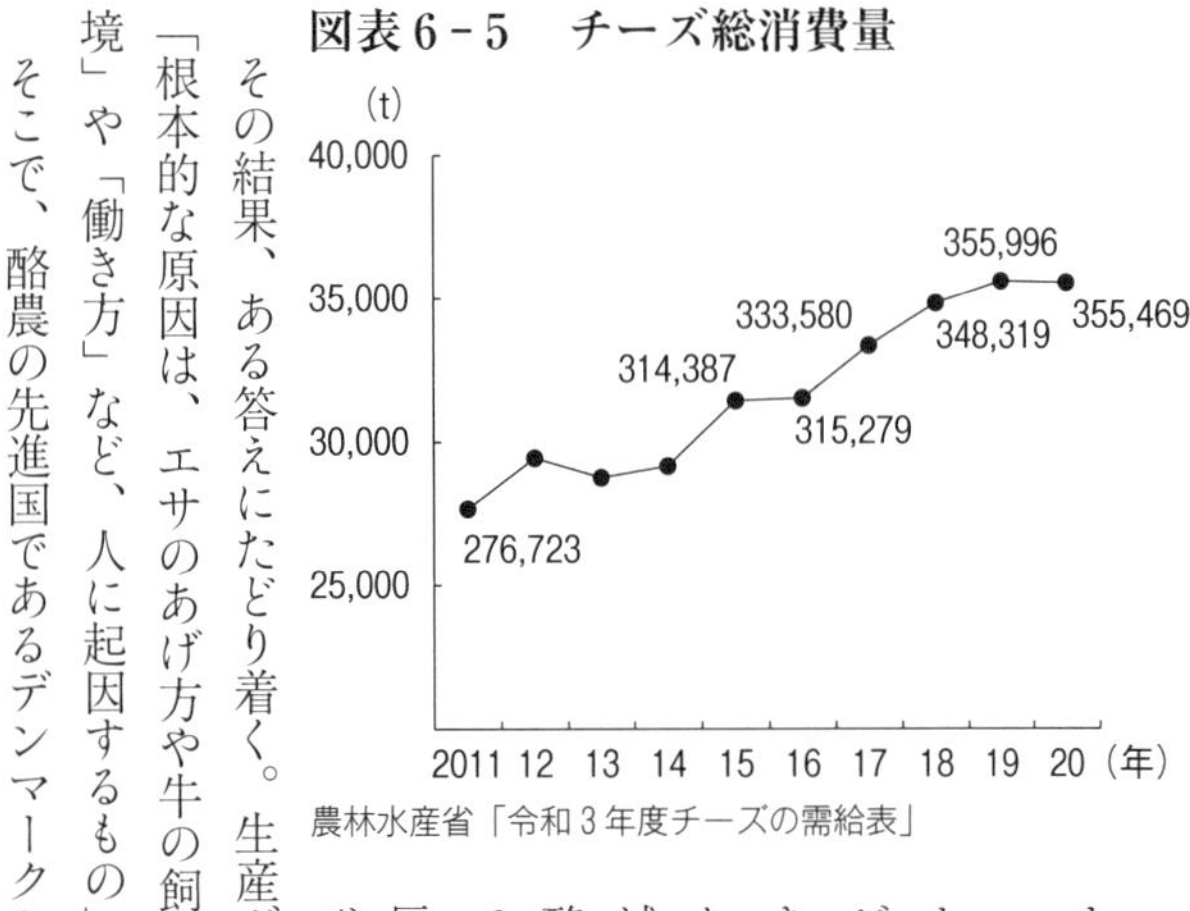

農林水産省「令和3年度チーズの需給表」

その需要に注目しているのが、食品大手で乳業メーカーでもある株式会社 明治（東京都中央区）だ。同社は、二〇一四年に全国的な問題となったバター不足をきっかけに「このままでは日本から酪農家がいなくなり、牛乳・乳製品をみなさまにお届けできなくなる日が来るかもしれない」と危機感を強めた。スーパーの棚からバターが消えたのは、生乳の減産が引き金になっていた。そこで、翌二〇一五年、酪農部に「生産グループ」を新設し、グループ会社で飼料メーカーの明治飼糧株式会社（東京都江東区）と共に酪農家を訪ねて、なぜ生乳の生産量が伸びないのかを分析していった。

その結果、ある答えにたどり着く。生産グループ長の林陽一さんはいう。

「根本的な原因は、エサのあげ方や牛の飼い方といったテクニカルなものではなく、「働く環境」や「働き方」など、人に起因するもの」

そこで、酪農の先進国であるデンマークから講師を招き、酪農経営における働き方を学び、ノウハウを蓄積していった。生産工程の無駄を徹底的に排除し、効率性を高めるという「リーン生産方式」を学び、二〇一八年に「Meiji Dairy Advisory（メイジ・デイリー・アドバイザリー、以下MDA）」を開始。二〇二二年一二月時点で、全国で四二戸の酪農家に取り組んでいる。

そうやって生乳生産量を増やす取り組みをしているだけに、国産の新たな需要先としてチーズをみている。「チーズの需要を取り込むことで、国産チーズの消費拡大に繋げていきたい」と林さんは言う。

酪農部開発グループ長の橋口和彦さんもこう話す。

「国産の生乳を余すことなく、やっぱりお客さまに届けたいですよね。海外産に負けることなく、より多くの方に日本で作った乳製品を広めていきたい。需給の波もあって酪農業が逆境に置かれているからこそ、食べてもらえるようなチャンスを見出していきたいと考えています」

†健康志向に注目

人口減少の消費に対する影響で、同社が注目するのは、健康志向の高まりだ。二〇二一年六月には「健康にアイデアを」というグループとしての新たなスローガンを打ち出した。「グループ内外の食と医薬の知見を融合させ、新しい価値を創造していき、特に「健康」というフィールドでこれまで以上に大きな役割を果たしていくことを目指します」と宣言している。

同社広報部の大出祥弘さんはこう話す。

「当社は「栄養報国」、つまり栄養をもって国に報いるという創業の精神から始まっています。少子高齢化が進み、健康への意識が高まっていくなかで、健康課題の解決に役立つ食品が必要性を増してくるはずです」

いま社会的な課題となっているのは、健康寿命の延伸や、自立した生活の維持、フレイルの予防など。フレイルとは、加齢により、心身の機能が低下した状態で、健康と要介護状態の中間に位置する状態をいう。

「長年培ってきた乳酸菌やカカオなど素材の持つ力を生かし、機能強化を図った商品開発を目指しています」（大出さん）

消費の変化に柔軟に対応していくメーカー。その動向を把握し、より求められる農畜産物を作っていくことが、今後の農業には欠かせない。

6 日本酒の味を変えた輸出の波

†海外という巨大市場

加工・業務用の市場に加え、国産農産物の新たな販路となり得るのが、海外市場である。第一章で紹介した通り、アジア諸国をはじめとする世界の飲食料市場は拡張を続ける。それだけに、輸出を増やして国内農業を大きく成長させることも夢ではない。

現に輸出量を伸ばしているのが、コメを原料にする日本酒で、海外への輸出が増えたことで「味が変わった」とも言われる。輸出を見据え、フルーティーな香りで酸味があるといった海外で好まれやすい味の酒を醸す蔵が増えてきたからだ。国内でも若い女性が牽引してきた「日本酒ブーム」があるとはいえ、長期的に見れば人口が減る分、市場はしぼんでしまう。それだけに、海外に新たな販路を求める蔵が増え続けている。

日本酒のように、外国人の好みに合わせて味を変える農畜産物も出てくるかもしれない。海外という巨大な市場を得たことで、産地の景観を一変させたのが、次に紹介する茶だ。

†抹茶ブームに乗る京都

抹茶ラテに抹茶入りスムージー、抹茶風味のケーキなど、"matcha"が世界を席巻している。お茶の国内市場の縮小に歯止めがかからない中で、苦境にさらされている茶農家にとっては一筋の光明といえる。

ところが、国内の有名な茶産地を見回すと、ブームに乗ったところと乗り遅れたところで明暗がくっきりと分かれている。各地の取り組みを追う。

「私が茶産業に参入した十数年前と今とでは、ゴールデンウィーク明けの茶畑の風景が一変していました。抹茶の原料となるてん茶を作るには、この時期に畑の上に覆いをかぶせます。かつて茶畑で覆いがけをしていたのは一割ほどでしたが、今では九割と逆転していて、かつて新緑が見えていた茶畑は黒い覆いの下に隠れているんですよ」

こう話すのは京都府和束町の松本靖治（まつもとやすはる）さん。副代表を務める京都おぶぶ茶苑は、町内に三ヘクタールの茶畑を持ち、お茶の栽培から販売までを手掛ける。和束町は宇治茶の四割弱を生産し、てん茶の生産量は全国シェアが二割とトップクラスだ。

抹茶は二〜三週間程度覆いをした状態で栽培し、収穫したものをもまずに乾燥し、茶臼でひいて粉末にしたものと定義されている。通常の煎茶は覆いをかけず、もんで乾燥するため、栽培方法も加工方法も大きく異なる。グーグルマップで町の航空写真を見てみると、多くの畑が黒い被覆資材で覆われているのが分かる。抹茶ブームは産地の景観すら変えているのだ。

同町農村振興課によると、てん茶の生産量が増えたのはここ一〇年ほど。二〇一二年から二〇二一年にかけて煎茶の生産量は二二〇トン減と実に五六％の減産になったのに対し、同じ一〇年間にてん茶の生産量は二一三トン、四八％の増産になっている。これに応じて、てん茶の加工をする工場数も二〇一二年の二〇カ所から現在では二七カ所に増えた。

図表6-6　てん茶の生産量の推移

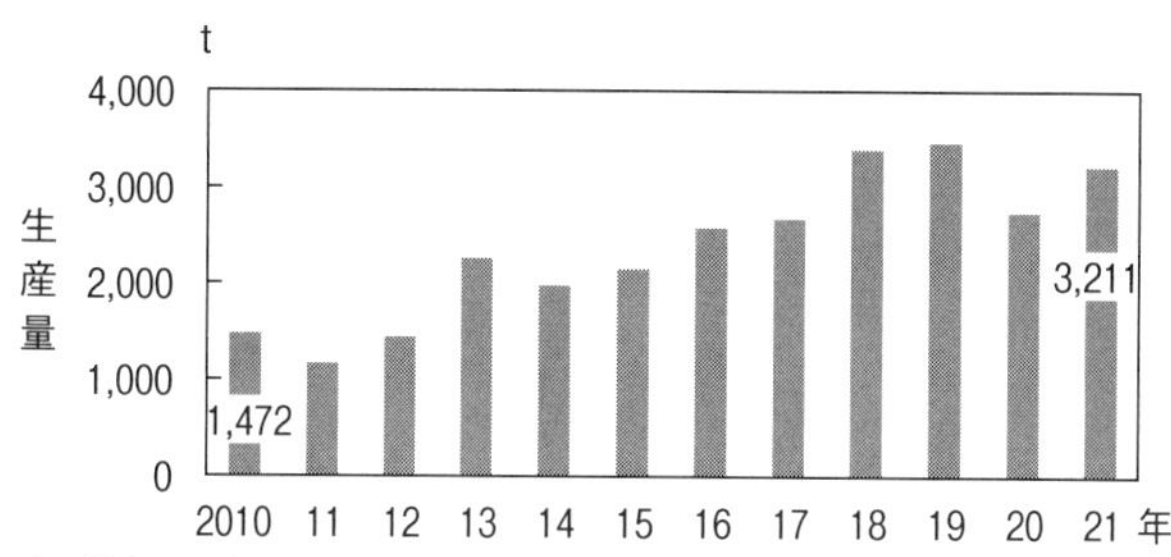

全国茶生産団体連合会調べ
農林水産省「茶をめぐる情勢　令和4(2022)年6月」

抹茶の需要増による供給の伸びは和束町に限った話ではない。全国茶生産団体連合会によると、ここ一〇年で倍以上に増えている（図表6-6）。なお、二〇二〇年が大幅に下がったのは、コロナ禍に伴う需要減を見越し、大幅な減産が行われたためだ。

茶農家がてん茶生産に傾斜している理由は、その収益力の高さにある。てん茶が煎茶に比べて収量が多い上に、販売価格が高いからだ。

仕上げをする前の荒茶の価格（二〇二一年産一キロ当たり、全国茶生産団体連合会調べ）は、煎茶が一二九一円なのに対し、てん茶は二五九九円と約二倍になる。農林水産省の作物統計によると、国内の茶の生産量はこの一〇年で一割以上縮小し、二〇二一年には七・八万トンにまで減少した。そんな中で、苦境に立つ茶農家にとって海外の抹茶ブームは神風が吹いたといえる。

茶農家の〝てん茶シフト〟は今後も加速するだろう。コロナ禍前の趨勢としては、てん茶でも特に、二番茶、三番茶をてん茶用に栽培したものの値段の上がり方が大きかった。これらは、お点前用に使われる一番茶に比べ、製菓用やフレーバー用に使われるので、もともと値段が安いものだ。

抹茶をフレーバー用、製菓用に使うのは日本だけではない。海外需要について調査している日本茶輸出促進協議会は、日本からのお茶の輸出量が最も多いアメリカについて「抹茶の使用形態として最も多いと考えられるのは、喫茶店やレストランの抹茶ラテ。ほかにクッキー、ケーキ、アイス、チョコレートなど多様な使われ方をしている」と説明する。

もっとも、抹茶が国際化すればするほど、海外では中国や韓国といった外国産との競合が激しくなるのは必至だ。特に、価格面では日本産に比べて外国産は割安になるため、苦戦を強いられる可能性もある。ただし、こうした外国産の中には、先述の抹茶の定義から外れる商品も多いと見られる。

「緑茶をパウダーにしたものを抹茶として売っている可能性もある。抹茶とは製法が違うこのような粉末茶を抹茶と同じようにして飲むと、苦みが強くなるなど、本来の抹茶とは味が違ってしまう。正しい抹茶の知識を海外に知らしめると同時に、日本から質の高い抹茶を輸出し、日本の抹茶が世界で確たる地位を築けるようにしたい」と日本茶輸出促進協議会は力を込める。

†ブランド力強化をはかる愛知、苦境の静岡

外国産に対してブランド化で対抗しようとしているのは、てん茶の産地として和束町と並び立つ愛知県の西尾（西尾市と安城市、吉良町の一部）だ。茶畑の面積約二〇〇ヘクタールのうち九八％以上で、てん茶を栽培している。

ところが最近、「西尾の抹茶」の名前を冠した外国産の商品が出回るなど、模倣品の出現に頭を痛めてきた。危機感を抱いた生産者らでつくる西尾茶協同組合は、一〇の国と地域で西尾の抹茶のロゴ商標や文字商標を登録した。中国企業がEUと中国で「西尾」「西尾抹茶」などの商標登録を申請していたため、異議申し立ても行っている。

競合相手ととらえるのは、もちろん外国産だけではない。「他産地が煎茶からてん茶の生産に移行する中で、差別化が必要」（西尾茶協同組合）として、二〇一七年、「西尾の抹茶」を農林水産省の地理的表示（GI）保護制度に登録。この制度は、地域の特産品の生産地に関連する名称を知的財産として登録し、ブランドとして保護するものだ。抹茶としては全国で唯一の登録となっていた。伝統ある産地ながら、宇治茶ほどの知名度が獲得できていない現状を変えたいという思いからだ。

「品質には自信がある。あとは知名度なので、国内外でのブランド力の強化に一層努めたい」

（同組合）と意気込んでいた。ただし、GIは期待した販路の拡大につながらず、二〇二〇年に登録を取り下げるに至ったのではあるが。

一部の産地で急速にてん茶シフトが進む一方で、日本最大の茶産地である静岡県は出遅れが目立つ。県内で栽培されているお茶の九割は、煎茶に適した「やぶきた」という品種。近年、てん茶の生産量を急速に増やしているものの、それでも生産量はトップの京都府に及ばない。

静岡県お茶振興課は「県としては引き続き煎茶に軸足を置きつつも、国内外からの引き合いが強まっているてん茶についても生産拡大を推進している」とジレンマを口にする。

煎茶の消費が低迷しているとはいえ、煎茶から抹茶に生産を切り替えるのは容易ではない。煎茶向けの品種のままでも栽培と加工の方法を変えれば抹茶をつくることはできるが、抹茶の専用品種に比べると味の面でかなわない。抹茶用の品種に改植する場合、収穫が本格化するのは植えてから五、六年後で、その間経営をどうするかという問題もある。

とはいえ、てん茶工場の数は増加の一途をたどる。二〇一三年に五カ所だったのが二〇二二年は一八カ所にまで増えた。海外輸出のためにてん茶の有機栽培に取り組む農園が出てくるなど、野心的な取り組みもある。

そもそもお茶の一大産地のため、茶商は多い。お茶振興課は「県内でも抹茶を取り扱う茶商が増えてきており、今後さらに県内産抹茶のニーズは高まると見込んでいる」と巻き返しに自信を見せる。

†日本食ブームで国産米は世界を席巻するか

世界的な和食ブームで、海外には日本食レストランが二〇二一年七月時点で一五万九〇〇〇店あり、四年足らずで二六％も増えている（農林水産省の調査による）。

しかし、こうした店での国産米の使用は多くない。ネックは価格で、価格競争力のあるカリフォルニア米が世界に販路を広げてきたのとは対照的だ。これに国産米が取って代わることも夢ではないと、米国やウルグアイでコメビジネスを展開してきた田牧一郎（たまきいちろう）さんは言い切る。

「カリフォルニア米の年間生産量は七〇万～八〇万トン（白米ベース）。これをそっくり日本のコメに置き換えようと思えば、できる」

田牧さんの言葉はにわかには信じがたいものだった。カリフォルニア米といえば、播種から刈り取りに至るまで機械化一貫体系が確立されていて、大規模、かつ生産費が安く、価格競争力で日本は遠く及ばないイメージがある。

田牧さんは、カリフォルニアの大規模経営を熟知している人物だ。一九八九年にカリフォルニアに移住し、九〇年代にカリフォルニア産中粒種のブランド「田牧米」をつくり、高い評価を得て一大ブランドに育て上げた。現在は、日本からのコメ輸出と低コストのコメ生産を手掛けるコンサルティング会社 Tamaki Farms Japan Inc. の代表を務める。カリフォルニア米に国産米が価格で挑むということは、少し前なら考えにくかったが、今はそうではなくなりつつあるというのだ。

現地の干ばつによる水不足で、カリフォルニア州内で農業用水の供給制限が行われ、農家がコメの生産面積を減らしたため、総収穫量が減少し、相場全体が上昇したことも一因だ。

しかし、主な理由は日本の稲作の構造変化にある。高齢農家の離農が進み、大規模化が全国的に加速している。規模を拡大するには、作業の効率化が不可避だ。労働時間の四分の一を占める育苗と田植えをやめ、直播と呼ばれる種を田んぼに直接まく方法に切り替えたり、肥料と農薬の散布にドローンを使ったり、まく回数を減らしたり、そもそも栽培に手間がかからず反収の高い品種に切り替えたりといった、手間が省け生産費の低減に直結する試みが広がっている。

こうした流れの中で、田牧さんは二〇ヘクタール以上を経営する農家ならば、六〇キログラム当たりの生産コストを現状の一万円強から六〇〇〇円程度に削減することができ、輸出の道が今以上に開けると考えている。

その実、一部の国産米はすでに価格面でカリフォルニア米と競争できるレベルになっている。

田牧さんは二〇一六年、茨城県産米をカリフォルニア州に輸出・販売するのを手伝っていた。

スーパーの店頭価格は、高くて一五ポンド当たり（六・八キログラム）三九ドル九九セント。店によっては、マージン分の上乗せを削って二〇ドル台で販売する場合もある。対して、カリフォルニア産コシヒカリの店頭価格は三〇～三五ドル。輸出するコメは雑種第一代目で多収の「ハイブリッド米」でも、カリフォルニア産コシヒカリに比べて食味が良いため、特に三〇ドル以下の値を付けるとかなり売れるそうだ。

この輸出で農家に支払われる額はカリフォルニアの品質検査基準に準じた選別の玄米で六〇キログラム当たり約七〇〇〇円ほどだ。輸出米生産に支払われる新市場開拓に対する補助金を合わせると、一万円ほどになる。ただ、新市場開拓に対する補助金が出るようになったのは二〇一八年からのことで、それまでは補助金はなく、農家は手取り七〇〇〇円ほどで輸出をしていた。

ただ、海外市場で国産米の価格を下げればよく売れるとは言いきれない。「ターゲットを絞っての的確なブランド戦略の実行など、時間と資金を惜しまず、効果的なマーケティングを行うことで、売れる商品に育てられる」と田牧さん。

米国農務省によると、カリフォルニア州での二〇二二年産米（二二年八月～二三年七月）の作付け予定面積は、三四万八〇〇〇エーカー（約一四万ヘクタール）で、前年比一五％も減らしている。これは、一九八三年産米以来、最小という。

こうした環境の変化からしても、国産米が日本食ブームに乗って世界を席巻する可能性は十分にある。

7　魅力的な品種、ガタガタの輸出戦略

†品種の海外流出

国産の農産物が海外で高い評価を得る源泉となっているのが、優れた品種だ。食味に加えて外観もよく、耐病性もある。日本はアジア諸国に先んじて経済発展を遂げた。その分、単に収量を向上させるのに飽き足らず、こうした特徴まで持つ多くの品種を開発する余力があった。とくに果物で、国産は甘くておいしいという評価を得ている。

その品種の魅力を最大限生かして、輸出を伸ばす。こうした戦略を日本が早くから描ければよかったのだが、残念ながらそうならなかった。品種が流出した先の中国や韓国の方が、産地化して東南アジアにせっせと輸出する皮肉な事態になっている。とくに韓国は、日本のイチゴを品種改良し、輸送に強いという、もとの品種になかった特性まで加えた。そうやって輸出量を伸ばしているので、その国際戦略には感心させられる。

社団法人や研究機関などで構成される植物品種等海外流出防止対策コンソーシアムは二〇二〇年九月、「中国、韓国のインターネットサイトで、日本で開発された品種と同名またはその品種の別名と思われる品種名称を用いた種苗が多数販売されている事例が明らかとなった」と発表した。三六の品種が確認されたという。日本の品種のブランド名だけを借りた偽物も混じっているかもしれない。ただ、ネットを見る限り、流出したのは三六品種などという数字には到底収まらないだろう。

農研機構が育成した高級ブドウの代表格「シャインマスカット」、静岡県が開発したイチゴ「紅ほっぺ」、愛媛県が開発したカンキツ「紅まどんな」など、中韓で産地化した事例は枚挙にいとまがない。二〇二二年に最も話題になったのは、石川県の高級ブドウ「ルビーロマン」だ。二〇二二年の初セリで一房一五〇万円もの値段がついたこの品種が韓国で生産され流通していると、同年九月にDNA鑑定で裏付けられた。

皮肉なのは、国がこれまで品種が海外に流出するのを黙認しながら、一方で輸出拡大の旗を振ってきたことだ。二〇二〇年に「農林水産物及び食品の輸出の促進に関する法律」を成立させ、二〇二二年にさらなる販路拡大のために改正を加えた。改正法に基づき、官民一体となって輸出を拡大し、「農林水産物・食品」の輸出額を二〇二五年までに二兆円、二〇三〇年までに五兆円にするという目標の達成を目指す。

品種の海外流出は、輸出拡大に冷や水を浴びせかけるものだ。日本で生まれた品種が海外で産地化されてしまえば、国産の競争力は下がり、輸出機会は失われてしまう。にもかかわらず、販売された品種の種苗を海外に持ち出すことが長年、合法とされてきた。国が植物の品種の開発者の権利を定めた「種苗法」を、持ち出しを禁じる形に改正したのは、ようやく二〇二〇年一二月になってからのことである。

輸出拡大政策の問題は、優れた品種がダダ漏れだったことのみに留まらない。その目標設定は、極めて欺瞞に満ちた形でなされてきた。

農林水産省が毎年、農林水産物・食品の輸出額として発表している金額の内訳をみると、加工食品が四割を占める。加工食品は、一般的に価格が安く取扱量の大きい外国産の農畜産物を主原料とする。それらを含めた輸出額を、あたかも国内農業の振興に直結する数字であるかのように発表してしまっているのだ。

二〇二二年一二月、国は農林水産物・食品の輸出額が同年一〇月に史上最速で一兆円に達したと発表した。関係閣僚会議まで開いて、その成果を誇示したものの、内実は大半が加工貿易の成果である。国産の農畜産物の競争力を高めようという真摯な姿勢はそこにない。

†知財は守って輸出する

優れた品種が海外に流出してきた原因はさまざまあるが、その最大のものは、品種の開発がビジネスとして成り立っていないということだ。流出が多いのはコメや果物。農林水産省系の研究機関である農研機構や、都道府県といった公的機関による育種が盛んな作物である。これは偶然ではなく、必然だ。

二〇二〇年に改正されるまで、種苗法は農家による「自家増殖」に品種の育成者の許諾を求めていなかった。自家増殖とは、収穫物や株の一部を種苗として次の作付けに利用することをいう。イチゴや果樹は、一つの株から別の株を派生させたり、接ぎ木で増やしたりといった自家増殖が簡単にできてしまう。そのため、受益者である農家に開発費を求め、ビジネスとして成り立たせることが難しかった。

公的機関による育種は、税金に頼っている。産地振興を目的とするので、農家が安価に種苗を購入できるというメリットがあった。一方のデメリットとして、公的機関がビジネス感覚に乏しいために、自身の知的財産を守ることに無頓着で、無断流出を放置しがちだった。その結果が、大量の品種が中韓に無断で流出してしまっている現状である。

さらには、都道府県が持つ農業試験場の予算が減る趨勢にあるために、公的機関が品種登録する数は年々減っている。おまけに限られた予算を需要のあまりないブランド米の開発に投じるなど、金と労力を無駄遣いしてしまう道府県もある。

育成者が開発した品種の知的財産を守ることに敏感になり、万が一流出した場合にも、無断での栽培を阻止できる。そのために必要なのは、育種をビジネスとして成り立たせることだ。

好例が、近年になって日本のテレビCMでも頻繁に見かけるようになった「ゼスプリキウイ」である。ニュージーランドのキウイ販売大手ゼスプリは、品種改良から生産、販売までを担っている。

そんな同社は、開発した品種が中国で数千ヘクタール違法に栽培されていることに気づいた。中国での調査を経て、違法に流出させた人物をニュージーランドで訴え、二〇二〇年二月に当時の為替レートで一〇億円近い損害賠償を求める判決を引き出した。

これができたのは、品種の開発をビジネスとして手掛ける同社の資本力があればこそだ。とはいえ、ゼスプリほど資力のない公的機関であっても、自らの知的財産を守ることはできる。そのお手本になるのは、韓国の公的機関である。

「慶尚北道農業技術院」は開発した「クリスマスレッド」というイチゴについて、中国の種苗会社に、種苗の生産と販売の独占的な許諾を与えた。この種苗会社が中国で勝手に種苗の生産と販売をした同業者を訴え、勝訴している。

海外に栽培を認めたパートナーを持つことで、許諾料を得る。そのパートナーは自身の栽培や販売の権利を守るために、権利侵害に目を光らせてくれる。一石二鳥の方法だ。

国内でも、長野県は開発したリンゴの品種「シナノゴールド」について、海外の生産団体から許諾料を得ている。

シナノゴールドは果皮が黄色く、シャキシャキとした果肉の食感、甘みと酸味のバランスの良さを特徴とする。国内ではリンゴというと赤色のイメージが強いため、人気を博しているとは言いにくい。しかし、もともと黄色いリンゴがよく食べられていた欧州で、味と貯蔵性の良い品種として好意的に受け入れられた。

長野県は世界九〇カ国で「yello（イエロー）」という名前で商標を取得した。イタリア北部に位置する南チロルやオーストラリアの生産者団体から、商標を使うに当たっての許諾料を徴収し、育種の財源に充てている。

知的財産権を保護したうえで海外の生産者に栽培を認め、許諾料を新たな育種に生かす。同県のこのしくみに、ほかの公的機関が倣うようになることを望む。

水際対策にどんなに力を入れても、流出を完全に止めることは難しい。それだけに、知的財産を輸出するという視点が、日本の農業の発展に欠かせない。

おわりに

この本のテーマである「人口減少時代の食と農」について書こうと動き始めたのは、二〇二一年に入ってからのことである。それから完成までに二年を要したものの、まだ取材したいという気持ちは消えていない。それくらい幅広く、奥深く、そしてややこしいテーマであった。

それでもこの本を世に出すことを強く願ったのは、人口減少を自らの大きな転機として受け止められていない農業関係者が多いからである。この場合の転機とは好機にも危機にもなりうるが、いずれにしても現状のままで問題ないと楽観しているようであれば危ういことである。

とくに気になるのは物流の問題だ。これまでは荷主が強く、運送業者が弱かった。ただ、もはやその力関係は逆転しているというのに、おうおうにして一次産業の産地からはその認識が薄い印象を受ける。

たとえば産地は、競争意識から大きさやデザインが異なる独自規格の出荷箱をそれぞれ用意してきた。ただ、物流業者にとってみれば、積載する手間や運送の途上で荷崩れする危険などから、できるだけ統一してもらうほうがいい。

出荷箱を載せるパレットにしても同じである。荷物を積み、その状態で倉庫での保管や移動、輸送をする「パレチゼーション化」は欠かせない。パレットならば、人力に頼ることなく機械で一連の作業をこなせる。労働環境の改善が進めば、ドライバーの雇用にも好影響を与えるだろう。

そのために、JAグループは全国どこでも同一規格のパレットを使えるよう、レンタル品の普及を始めている。

その時に課題となるのが回収率だ。農業界の慣習は返却しないことを当たり前としてきたため、レンタル品についても回収率が上がらない。

回収率が低いままであれば、レンタル料金の値上げが引き起こされてしまう。下手をすれば、パレットが供給されない事態につながりかねない。その場合、農家の手取りに跳ね返るだけではなく、最悪の場合は青果物が輸送できない事態を招く。

いずれにしても、荷物が従来通りに運ばれると過信しているからこそ起きていることである。産地はその認識を改めて、人口減少時代への対応に早急に乗り出すべきなのだが、残念ながら事はそう簡単ではない。なにより産地の中心的役割を担うべきJAが共済（保険）事業と信用（銀行）事業に依存し、本業であるはずの農業関連事業を軽視する傾向にあるからだ。

それは人材一つを取ってもそうである。多くのJAでは、共済事業と信用事業では職員が過大なノルマに耐え切れずに相次いで離職し、農業関連事業の人材で穴埋めをするという事態が起きている。多方面にわたって大きな改革を伴う人口減少時代への対応は息の長いものでなければならないが、それに向けた経営体力や気概を持ったJAが果たしてどれだけあるのか。大いに気になるところである。今後の動向にも注目したい。

本書を執筆するに当たり、一章は窪田と山口が、二章から四章までは主に窪田が、五章と六章は主に山口が担当した。とはいえ、いずれの章も相互に加筆や修正をしているので、文責は双方にあると受け取ってもらって構わない。

本書の完成までには多くの方々のお世話になった。この場を借りて、深くお礼申し上げる。

二〇二三年二月八日

窪田　新之助

●主要参考文献

尾高恵美「農協における青果物集出荷施設の運営コスト削減――共同利用の拡大による季節性の克服に注目して」『農林金融』二〇一六年二月号
窪田新之助『データ農業が日本を救う』インターナショナル新書、二〇二〇年
澤田晃宏『ルポ　技能実習生』ちくま新書、二〇二〇年
広井良典『人口減少社会のデザイン』東洋経済新報社、二〇一九年
吉川洋『人口と日本経済――長寿、イノベーション、経済成長』中公新書、二〇一六年
吉原祥子『人口減少時代の土地問題――「所有者不明化」と相続、空き家、制度のゆくえ』中公新書、二〇一七年）

●本書に掲載した記事の初出一覧（いずれも、本書掲載にあたり、大幅に加筆修正しています。左記以外は、書き下ろしです）

第一章
「水田100ヘクタール超を預かるトマト農家　高糖度トマトの生産者と大規模稲作経営体の二つの顔を持つ理由」マイナビ農業、二〇二一年二月六日

第二章
「全国的なドライバー不足にどう対応？　青果物流の中継拠点の効果と課題とは」マイナビ農業、二〇二一年五月一四日

第三章

「大分県産の青果物は関西に運べなくなる⁉　ドライバーの働き方改革「2024年問題」とは」マイナビ農業、二〇二二年五月一九日

「「あまおう」は消費地に届けられるのか？「2024年問題」対策で共同輸送を実験」マイナビ農業、二〇二二年五月三〇日

「物流改善の打開策「一貫パレチゼーション輸送」の現状と課題」マイナビ農業、二〇二一年一一月三日

「650戸の生産者が出荷する、サトイモの広域選果場。全農県本部と4JAが連携し、新たな需要を切り開く」マイナビ農業、二〇二三年二月一二日

「鮮度を保ったまま大消費地に小ネギを届ける物流とは」マイナビ農業、二〇二一年二月二八日

「農産物の「保管」に新風。長期保管と品質向上をも実現する冷蔵技術とは」マイナビ農業、二〇二三年二月二七日

「青果物流業者が農産物の加工や商品開発に挑む理由」マイナビ農業、二〇二一年三月二日

「物流業者が青果物の買い取りに着手。端境期まで保管して販売する仕組みとは」マイナビ農業、二〇二一年一〇月九日

「農産物流通の革命児「やさいバス」はコロナ禍でどう変わったのか」SMART AGRI、二〇二一年一一月三日

第三章

「国内初AI導入の選果場、メディア初披露　人口減少時代に対応、11月運用へ」マイナビ農業、二〇二一年二月一六日

「消費が減るミカンを増産できる理由　品種、仕立て方、園地……産地が挑む改革」マイナビ農業、二〇

二一年二月二四日
「JAからつでのパッキングセンター導入で、イチゴ農家の所得が増加」SMART AGRI、二〇二〇年一一月二三日
「2024年度に市販化予定のJA阿蘇「いちごの選果ロボット」はどこまできたか」SMART AGRI、二〇二三年二月八日
「なぜ、農業法人は稲作に特化した栽培管理アプリを開発したのか」マイナビ農業、二〇二二年六月一一日
「リンゴ経営において最も効果的なスマート農業とは」SMART AGRI、二〇二一年七月二六日
「過酷な暑さでの作業をなくすため、土耕から固形培地耕に変更　規模拡大に向けて省力化を図るキュウリ農家」SMART AGRI、二〇二一年八月二四日

第四章

「集落営農法人として史上最年少!?　29歳で代表に就いた元JA職員による経営改革」マイナビ農業、二〇二一年一月三日
「存続危機の集落営農法人、その将来像に迫る「3階建て方式」とは」マイナビ農業、二〇二一年一月八日
「いま、兼業農家を育てる理由　中山間地における新たな農家像」マイナビ農業、二〇二〇年一〇月九日
「迫る担い手不足の波。打開策として打ち出した「アグリワーケーション」という一手」マイナビ農業、二〇二一年七月三〇日

第五章

「技能実習生が減り続ける農業現場」Wedge ONLINE、二〇二〇年一〇月二五日
「延べ2万人を集めてJTBとも連携　全農おおいた発の人手不足解消策とは？」SMART AGRI、二〇二〇年一〇月三〇日
「売り上げは1億4000万円　障害者の就労支援と農業の出会い」マイナビ農業、二〇二一年九月一四日
「大規模畑作の経営者が〝アナログなマニュアル化〟を進める理由　北海道・三浦農場」SMART AGRI、二〇二一年一〇月二二日
「ロボトラでの「協調作業」提案者の思いと大規模化に必要なこと　北海道・三浦農場」SMART AGRI、二〇二一年一一月三日
「農業のロボット化が避けて通れない理由」Wedge ONLINE、二〇一九年一一月一三日
「パワフルなリモコン式草刈機発売」『地上』二〇二一年七月号

第六章

「需要高まる冷凍野菜。原料の国産化は「生鮮＋冷凍」がカギ」マイナビ農業、二〇二三年一月二六日
「全頭殺処分を経験、乗り越えられた理由にせまる」マイナビ農業、二〇二一年七月六日
「コメ余りの時代になぜパックライスが売れるのか。『サトウのごはん』売上倍増の背景」マイナビ農業、二〇二三年一月二一日
「滋賀を「小麦王国」に」『農業経営者』二〇二一年六月号
「酪農家と歩む食品メーカーが、需要増に活路を見いだす消費者ニーズとは」マイナビ農業、二〇二三年一一月二日

「世界的「抹茶ブーム」で激変する産地の風景　模倣対策、危機感募らす農家」Business Insider Japan、二〇一七年一二月二一日
「生産コスト半減で国産米は世界を席巻する⁉」Wedge ONLINE、二〇一八年一〇月一七日

ちくま新書
1729

人口減少時代の農業と食

二〇二三年五月一〇日　第一刷発行

著　　者　窪田新之助（くぼた・しんのすけ）
山口亮子（やまぐち・りょうこ）

発 行 者　喜入冬子
発 行 所　株式会社 筑摩書房
東京都台東区蔵前二-五-三　郵便番号一一一-八七五五
電話番号〇三-五六八七-二六〇一（代表）
装 幀 者　間村俊一
印刷・製本　三松堂印刷 株式会社

ISBN978-4-480-07554-3 C0261

902 日本農業の真実 生源寺眞一
わが国の農業は正念場を迎えている。いま大切なのは食と農の実態を冷静に問いなおすことだ。農業政策の第一人者が現状を分析し、近未来の日本農業を描き出す。

1054 農業問題――TPP後、農政はこう変わる 本間正義
戦後長らく続いた農業の仕組みが、いま大きく変わろうとしている。第一人者がコメ、農地、農協の問題を分析し、TPP後を見据えて日本農業の未来を明快に描く。

1438 日本を救う未来の農業――イスラエルに学ぶICT農法 竹下正哲
ドリップ灌漑を行い、センサーを駆使してIoTクラウド農法で管理すれば、高齢化、跡継ぎ問題、そして、収益率や自給率など日本の農業問題は全てが解決する!

1213 農本主義のすすめ 宇根豊
農は資本主義とは相いれない。社会が行き詰まり、自然が壊れかかっているいま、あらためて農の価値を見つめ直す必要がある。戦前に唱えられた思想を再考する。

1475 歴史人口学事始め――記録と記憶の九〇年 速水融
二〇一九年に逝去した歴史人口学の泰斗・速水融の遺著。欧州で歴史人口学と出会い、日本近世経済史の知られざる姿を明らかにした碩学が激動の時代を振り返る。

1166 ものづくりの反撃 中沢孝夫 藤本隆宏 新宅純二郎
「インダストリー4.0」「IoT」などを批判的に検証し、日本の製造業の潜在力を分析。現場で思考をつづけてきた経済学者が、日本経済の夜明けを大いに語りあう。

1232 マーケティングに強くなる 恩蔵直人
「発想力」を武器にしろ! ビジネスの伏流を読み解き、現場で考え抜くためのヒントを示す。仕事に活かせる実践知を授ける、ビジネスパーソン必読の一冊。

ちくま新書

1268 地域の力を引き出す企業 ——グローバル・ニッチトップ企業が示す未来　細谷祐二
地方では、ニッチな分野で世界の頂点に立つ「GNT」企業の存在感が高まっている。その実態を紹介し、国や自治体の支援方法を探る。日本を救うヒントがここに！

1479 地域活性マーケティング　岩永洋平
地方の味方は誰か。どうすれば地域産品を開発、ブランド化できるのか。ふるさと納税にふるさとへの思いはあるか。地方が稼ぐ仕組みと戦略とは。

1599 SDGsがひらくビジネス新時代　竹下隆一郎
気候危機、働き方、声を上げる消費者……。すべてがビジネスにつながっていくSDGsの時代を迎え、「これからの見取り図」を示したビジネスパーソン必読の書！

1715 脱炭素産業革命　郭四志
今や世界的な潮流となっているカーボンニュートラルへの動きは、新しい生産・生活様式をもたらす新段階の産業革命である。各国の最新動向を徹底調査し分析する。

674 ストレスに負けない生活 ——心・身体・脳のセルフケア　熊野宏昭
ストレスなんて怖くない！　脳科学や行動医学の知見を援用、「力まず・避けず・妄想せず」をキーワードに自分でできる日常的ストレス・マネジメントの方法を伝授する。

982 「リスク」の食べ方 ——食の安全・安心を考える　岩田健太郎
この食品で健康になれる！　危険だから食べるのを禁止する？　そんなに単純に食べ物の良い悪いは決められない。食品不安社会・日本で冷静に考えるための一冊。

1109 食べ物のことはからだに訊け！ ——健康情報にだまされるな　岩田健太郎
○○を食べなければ病気にならない！　似たような話はたくさんあるけど、それって本当に体によいの？　巷にあふれる怪しい健康情報を医学の見地から一刀両断。

1397 知っておきたい腹痛の正体　松生恒夫

中高年のお腹は悲鳴を上げています。急増するストレス性の下痢や胃痛、慢性便秘、難治性疾患……。専門医が、痛みの見分け方から治療、予防法まで解説します。

1447 長生きの方法 ○と×　米山公啓

高齢者が血圧を下げても意味がない？ 体にいいものを食べてもムダ？ 自由で幸せな老後を生きるために知っておきたい、人生100年時代の医療との付き合い方。

1507 知っておきたい感染症【新版】——新型コロナと21世紀型パンデミック　岡田晴恵

世界を混乱に陥れた新型コロナウイルスをはじめ、鳥インフルエンザやＳＡＲＳなど近年流行した感染症の特徴や防止策など必須の知識を授ける。待望の新版刊行。

068 自然保護を問いなおす——環境倫理とネットワーク　鬼頭秀一

「自然との共生」とは何か。欧米の環境思想の系譜をたどりつつ、世界遺産に指定された白神山地のブナ原生林を例に自然保護を鋭く問いなおす新しい環境問題入門。

570 人間は脳で食べている　伏木亨

「おいしい」ってどういうこと？ 生理学的欲求、脳内物質の状態から、文化的環境や「情報」の効果まで、さまざまな要因を考察し、「おいしさ」の正体に迫る。

584 日本の花〈カラー新書〉　柳宗民

日本の花はいささか地味ではあるけれど、しみじみとした美しさを漂わせている。健気で可憐な花々は、知れば知るほど面白い。育成のコツも指南する味わい深い観賞記。

1137 たたかう植物——仁義なき生存戦略　稲垣栄洋

じっと動かない植物の世界。しかしそこにあるのは穏やかな癒しなどではない！ 昆虫と病原菌と人間の仁義なきバトルに大接近！ 多様な生存戦略に迫る。

ちくま新書

1644
こんなに変わった理科教科書
左巻健男
えっ、いまは習わないの？ かいちゅうと十二指腸虫の写真入り解説、有精卵の成長観察、解剖実験などはなぜ消えたのか。戦後日本の教育を理科教科書で振り返る。

1723
健康寿命をのばす食べ物の科学
佐藤隆一郎
健康食品では病気は治せない？ 代謝のメカニズムから、丈夫な骨や筋肉のしくみ、本当に必要不可欠な栄養素まで。健康に長生きするために知っておきたい食の科学。

941
限界集落の真実
——過疎の村は消えるか？
山下祐介
「限界集落はどこも消滅寸前」は嘘である。危機を煽り立てるだけの報道や、カネによる解決に終始する政府の過疎対策の誤りを正し、真の地域再生とは何かを考える。

1367
地方都市の持続可能性
——「東京ひとり勝ち」を超えて
田村秀
煮え切らない国の方針に翻弄されてきた全国の自治体。厳しい状況下で地域を盛り上げ、どうブランド力を高めるか。都市の盛衰や従来の議論を踏まえた生き残り策。

1129
地域再生の戦略
——「交通まちづくり」というアプローチ
宇都宮浄人
地方の衰退に伴い、鉄道やバスも消滅の危機にある。再生するためには「まち」と「公共交通」を一緒に変えるしかない。日本の最新事例をもとにその可能性を探る。

1661
リスクを考える
——「専門家まかせ」からの脱却
吉川肇子
なぜ危機を伝える言葉は人々に響かず、平静を呼びかけるメッセージがかえって混乱を招くのか。コミュニケーションの視点からリスクと共に生きるすべを提示する。

1171
震災学入門
——死生観からの社会構想
金菱清
東日本大震災によって、災害への対応の常識は完全に覆された。科学的なリスク対策、心のケア、霊性、コミュニティ再建などを巡り、被災者本位の災害対策を訴える。

ちくま新書

992
「豊かな地域」はどこがちがうのか
――地域間競争の時代
根本祐二
低成長・人口減少の続く今、地域間の「パイの奪いあい」が激化している。成長している地域は何がちがうのか？北海道から沖縄まで、11の成功地域の秘訣を解く。

1716
よみがえる田園都市国家
――大平正芳、E・ハワード、柳田国男の構想
佐藤光
近代都市計画の祖・ハワードが提唱した田園都市は、柳田国男、大平正芳の田園都市国家構想へとどのように受け継がれてきたか。その知られざる系譜に光を当てる。

1573
日本の農村
――農村社会学に見る東西南北
細谷昂
二十世紀初頭以来の農村社会学者の記録から、日本各地域の農村のあり方、家と村の歴史を再構成する。日本人が忘れ去ってしまいそうな列島の農村の原風景を探る。

1151
地域再生入門
――寄りあいワークショップの力
山浦晴男
全国どこでも実施できる地域再生の切り札「寄りあいワークショップ」。住民全員が連帯感をもってアイデアを出しあい、地域を動かす方法と成功の秘訣を伝授する。

995
東北発の震災論
――周辺から広域システムを考える
山下祐介
中心のために周辺がリスクを負う「広域システム」。その巨大で複雑な機構が原発問題や震災復興を困難に追い込んでいる現状を、気鋭の社会学者が現地から報告する。

1100
地方消滅の罠
――「増田レポート」と人口減少社会の正体
山下祐介
「半数の市町村が消滅する」は嘘だ。「選択と集中」などという論理を振りかざし、地方を消滅させようとしているのは誰なのか。いま話題の増田レポートの虚妄を暴く。

1602
地域学入門
山下祐介
近代化で見えなくなった地域の実像を、生態、社会、文化、歴史の側面からとらえ直す。限界集落や地方消滅問題に挑んできた気鋭の社会学者による地域学のすすめ。

ちくま新書

1540
飯舘村からの挑戦
——自然との共生をめざして
田尾陽一
コロナ禍の今こそ、自然と共生する暮らしが必要だ。福島県飯舘村の農民と協働し、ボランティアと研究者を結集してふくしま再生の活動をしてきた著者の活動記録。

1717
マイノリティ・マーケティング
——少数者が社会を変える
伊藤芳浩
マーケティングは、マイノリティが社会を変える武器になる。東京オリパラ開閉会式放送への手話通訳導入などに尽力したＮＰＯ法人代表が教えるとっておきの方法。

1064
日本漁業の真実
濱田武士
減る魚資源、衰退する漁村、絶えない国際紛争……。漁業は現代を代表する「課題先進産業」だ。その漁業に何が起きているのか。知られざる全貌を明かす決定版！

1496
ルポ 技能実習生
澤田晃宏
どのように日本へやってきたか。なぜ失踪者が出るのか。働く彼らの夢や目標と帰国後の生活とは。国際的な人材獲得合戦を取材して、見えてきた労働市場の真実。

1701
ルポ 副反応疑い死
——ワクチン政策と薬害を問いなおす
山岡淳一郎
新型コロナワクチン接種後の死亡者は１９００人に迫る。補償救済制度が存在するも驚くほど因果関係が認められない。遺族、解剖医、厚労省等に取材し真実に迫る。

1237
天災と日本人
——地震・洪水・噴火の民俗学
畑中章宏
地震、津波、洪水、噴火……日本人は、天災を生き抜く知恵を、風習や伝承、記念碑等で受け継いできた。各地の災害の記憶をたずね、日本人と天災の関係を探る。

1273
誰も知らない熊野の遺産〈カラー新書〉
栂嶺レイ
世界遺産として有名になったが、熊野にはまだ手つかずの風景が残されている。失われつつある日本の、日本人の原型を探しにいこう。カラー写真満載の一冊。

ちくま新書

1487
四国遍路の世界
愛媛大学四国遍路・世界の巡礼研究センター編
近年ブームとなっている四国遍路。四国八十八ヶ所霊場の成立など歴史や現在の様相、海外の巡礼との比較など、さまざまな視点から読みとく最新研究15講。

952
花の歳時記〈カラー新書〉
長谷川櫂
花を詠んだ俳句には古今に名句が数多い。その中から選りすぐりの約三百句に美しいカラー写真と流麗な鑑賞文を付し、作句のポイントを解説。散策にも必携の一冊。

1529
村の日本近代史
荒木田岳
日本の村の近代化の起源は、秀吉による村の再編にあった。戦国末期から、江戸時代、明治時代までの村の近代化の過程を、従来の歴史学とは全く異なる視点で描く。

1294
大坂　民衆の近世史——老いと病・生業・下層社会
塚田孝
江戸時代に大坂の庶民に与えられた「褒賞」の記録を読みとくと、今は忘れられた市井の人々のドラマが見えてくる。大坂の町と庶民の暮らしがよくわかる一冊。

618
百姓から見た戦国大名
黒田基樹
生存のために武器を持つ百姓。領内の安定に配慮する大名。乱世に生きた武将と庶民のパワーバランスとは——。戦国時代の権力構造と社会システムをとらえなおす。

1712
東北史講義【古代・中世篇】
東北大学日本史研究室編
辺境の地として倭人の大国に侵食された古代。豊かな天然資源が交易を支え、活発な交流が多様で独自性に富んだ地域を形成した中世。東北の成り立ちを読み解く。

1713
東北史講義【近世・近現代篇】
東北大学日本史研究室編
米穀供給地として食を支え、近代以降は学都・軍都として人材も輩出、戦後は重工業化が企図された。度重なる災害も念頭に、中央と東北の構造を立体的に描き出す。